农民教育培训农业部"十二五"规划教材
新型职业农民培训系列教材
——家畜规模养殖系列

适度规模肉羊养殖场的建设及管理配套技术

刘洪波　主编

U0219551

中国农业大学出版社
·北京·

内 容 简 介

本书内容包括：适度规模肉羊养殖场场址的选择、适度规模肉羊养殖场的规划布局、适度规模肉羊养殖场的生产设施、适度规模肉羊养殖场的环境控制、适度规模肉羊养殖场的经济效益核算与商品肉羊的饲养管理技术。

图书在版编目(CIP)数据

适度规模肉羊养殖场的建设及管理配套技术/刘洪波主编.—北京：中国农业大学出版社，2013.12

ISBN 978-7-5655-0841-7

Ⅰ.①适… Ⅱ.①刘… Ⅲ.①肉用羊-饲养管理-技术培训-教材 Ⅳ.①S826.9

中国版本图书馆 CIP 数据核字(2013)第 262845 号

书　　名	适度规模肉羊养殖场的建设及管理配套技术		
作　　者	刘洪波　主编		
策划编辑	张　蕊　陈肖安　汪春林	责任编辑	张　玉
封面设计	郑　川	责任校对	王晓凤　陈　莹
出版发行	中国农业大学出版社		
社　　址	北京市海淀区圆明园西路 2 号	邮政编码	100193
电　　话	发行部 010-62818525,8625	读者服务部	010-62732336
	编辑部 010-62732617,2618	出 版 部	010-62733440
网　　址	http://www.cau.edu.cn/caup	e-mail	cbsszs @ cau.edu.cn
经　　销	新华书店		
印　　刷	中煤涿州制图印刷厂		
版　　次	2014 年 1 月第 1 版　2014 年 1 月第 1 次印刷		
规　　格	850×1 168　32 开本　3.75 印张　62 千字		
定　　价	10.00 元		

图书如有质量问题本社发行部负责调换

编写人员

主　编　刘洪波

参　编　杨　域　李秀丽　施兆红

编 写 说 明

　　农民是农业生产经营主体。开展农民教育培训，提高农民综合素质、生产技能和经营能力，是发展现代农业和建设社会主义新农村的重要举措。党中央、国务院高度重视农民教育培训工作，提出了"大力培育新型职业农民"的历史任务。为贯彻落实中央的战略部署，提高农民教育培训质量，同时也为各地培育新型职业农民提供基础保障——高质量教材，我们遵循农民教育培训的基本特点和规律，编写了《适度规模肉羊养殖场的建设及管理配套技术》培训教材。

　　《适度规模肉羊养殖场的建设及管理配套技术》是新型职业农民培训系列教材之一。本教材内容包括：适度规模肉羊养殖场场址的选择、适度规模肉羊养殖场的规划布局、适度规模肉羊养殖场的生产设施、适度规模肉羊养殖场的环境控制、适度规模肉羊养殖场的经济效益核算与商品肉羊的饲养管理技术等内容，涵盖了适度规模肉羊养殖场的建设及管理的各个环节和关键技术，通俗易懂,具有很强的针对性和实用性,既可作为在肉羊养殖生产一线工作的新型职业农民的培训教材,也可作为规模肉羊养殖场的生产、管理人员及农业职业院校师生的学习参考用书。

本书由山东畜牧兽医职业学院刘洪波副教授、杨域、李秀丽和施兆红讲师共同编写,刘洪波担任主编。北京农业职业学院李玉冰教授、农业部科技教育司张景林和农业部农民科技教育培训中心陈肖安等同志对教材内容进行了审定,在此一并表示感谢。

由于编者水平有限,加之时间仓促,教材中不妥和错误之处在所难免。衷心希望广大读者提出宝贵意见,以期进一步修订和完善。

编　者

2013 年 9 月

前　言

　　由于受到资金、技术和场地等的限制,我国不可能建立众多的大型肉羊场,适度规模饲养是今后相当长时间内肉羊养殖的主要形式。适度规模肉羊养殖场是指适合目前社会经济条件,投资规模无需过大,但能够将商品肉羊各生产要素进行最优组合,发挥规模经济效益的商品肉羊饲养方式。

　　在《国务院办公厅关于统筹推进新一轮"菜篮子"工程建设的意见》(国办发〔2010〕18号)文件精神指导下,国家相继出台了多项扶持肉羊生产发展的政策。为了正确指导新型职业农民与从业人员科学合理地建立适度规模肉羊场,避免场地选择不当、规划布局不合理、肉羊舍建筑不科学、饲养管理技术落后、经济效益不高、环境污染严重等问题,我们编写了《适度规模肉羊场的建设及管理配套技术》一书。旨在通过翔实的案例,大量的图片,用通俗易懂的语言、深入浅出的手法,系统地介绍适度规模肉羊养殖场的建设及管理技术,期望为新型职业农民与从业人员提供技术支撑。

编　者

2013 年 9 月

目　　录

一、适度规模肉羊养殖场场址选择

1. 新建肉羊养殖场，在选择场址时应考虑哪些因素？

肉羊养殖场是集中进行肉羊肥育的主要场所。由于我国各地气候、环境、经济条件以及养羊业发展状况不均衡，所以造成羊场的建设及设施差异较大。在羊场的设计及建设中需充分考虑满足肉羊的生理特点和生长要求，以保证其表现最好的肉用性能。既要做到因地制宜，又要着眼于规模化、集约化的养羊生产。

肉羊养殖场的场址选择，需要根据肥育羊只的数量和发展规模，以及资金状况、机械化程度等来制定，同时还应充分考虑当地条件，降低生产成本。

选择场址时，首先要考虑羊场的地理位置、常年的主风向、通风状况、输变电线路、水源水质和交通运输等条件，同时还要考虑环境保护等。场址选择是否合理，直接影响以后的发展、生产者的经济效益以及周围人民群众的健康。因此选择场址需要周密考虑，统筹安排，要有长远的规划，以适应养羊业的发展需要。针对场址所处的地势、水源、交通、防疫等条件进行综合分析，选择肉羊养殖场场址时应注意以下几点。

（1）羊场要建在居民点的下风向，且距住宅区较远，并在水源的下游

场址地势应低于居民生活区和水井。另外，羊场的土质应坚实，具有均匀的可压缩性，最好是透气、渗水的沙壤土，因为沙壤土透水、透气性良好，持水性小，因而雨后不会泥泞，易于保持适当的干燥环境，防止病原菌、蚊蝇、寄生虫卵等生存和繁殖。同时也利于土壤本身的自净。

（2）羊场的地势应相对较高

羊只生活在潮湿的环境中，容易感染寄生虫及腐蹄病，影响生长发育和健康。因此，建设羊场应选择地势较高（地下水位在 2 m 以下）、南向斜坡（坡度 1°～ 3°）、向阳避风、排水良好、通风干燥的地方，切忌在低洼涝地，山洪水道，冬季风口等处修建羊舍。

地形要求开阔整齐，有一定的发展余地，场地不要过于狭长或边角太多，场地狭长往往影响建筑物合理布局，拉长了生产作业线，同时也使场区的卫生防疫和生产联系不便，边角太多会增加场区防护设施的投资。若在山

区坡地修建羊场,应选择坡度平缓,向南或向东南倾斜处,以利于阳光照射和通风透光。

(3)要有清洁而充足的水源

保证生活、生产羊群及消毒、防火等用水,不宜在严重缺水或水源严重污染的地区建场。一般羊的需水量是舍饲大于放牧,夏季大于冬季。羔羊与成年羊的需水量分别为 5 L/(只·d)和 10 L/(只·d)。水质必须符合畜禽饮水的卫生标准。

(4)羊场场址符合兽医卫生条件要求

充分了解当地疫情,不能在传染病和寄生虫病的疫区建场。同时,羊场也不能成为周围居民点的污染源。一旦发生疫情,便于进行隔离封锁。羊场一般要求距主要交通主道 300 m 以上,距周围居民点 500 m 以上。

(5)交通运输方便

为了保证畜产品的加工运输和饲草饲料加工以及应用养羊新技术、新设备,场址应建在距离作物种植区近,并具有一定的交通、通信及电力条件的地方。山区建场更应注意这个问题。

(6)饲草饲料来源充足

育肥羊的群体大,所需的饲草饲料总量较多,因此要有充足的饲料来源。以舍饲为主的农区,要有足够的饲草、饲料来源,在北方牧区和南方草山、草地区域,要有充足的放牧场地及较大面积的人工草场。特别注意能为繁殖母羊准备足够的越冬干草和青饲料。

总之,合理而科学地选择场址,对羊场的建设投资、投产后的生产性能发挥、生产成本及经济效益、周围环境等有着深远的影响,是羊场安全高效生产的前提条件。

2.肉羊养殖场羊舍面积如何确定?

羊舍总面积大小主要取决于饲养量大小。羊舍过小,舍内潮湿,空气污染严重时,会妨害羊的健康生长,影响生产效率,管理也不方便。羊舍过大,会加大投入,增加养羊成本。具体不同方向的羊舍使用面积见表 1-1。

表 1-1　不同生产方向各类羊只所需羊舍面积　　m²/只

项目	产羔母羊	公羊单饲	公羊群饲	育成公羊	周岁母羊	羔羊去势后	3～4 月龄断奶羔羊
面积	1.0～2.0	4.0～6.0	2.0～2.5	0.7～1.0	0.7～0.8	0.6～0.8	母羊的 20%

二、适度规模肉羊养殖场布局规划

肉羊养殖场内应有哪些功能区？应如何布局？

羊场的建筑布局应适应本地区的气候条件，科学合理，因地制宜，就地取材，造价低廉，节省能源，节省资金，尽量为羊群创造一个稳定、舒适的小气候，以发挥最大的生产潜力。

由于绵羊具有怕热不怕冷的生物学特性，肥育羊场建设一般都采取因陋就简的原则，主要是给羊只创造一个防寒避暑、遮风挡雨的场所。但是，规模较大的中型肥育羊场要统筹考虑整体布局，从总体上讲可分为生活区、生产区和病羊管理区三大区域。要合理布局，比如，利用地形、地势解决挡风防寒、通风防热、采光等。根据地势的高低、水流方向和主导风向，按人、羊、污的顺序，将各种房舍和建筑设施按其环境卫生条件的需要给予排列。既要有利于羊的生长发育和人畜健康需求，又便于管理和提高劳动生产率。力求紧凑实用,又节约土地和投资(图 2-1)。

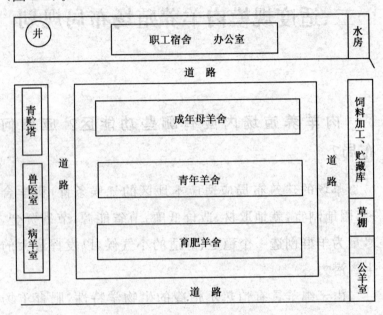

图 2-1　羊场建筑布局示意图

(1)生活区

包括与生活和经营管理有关的建筑物,生活区一般安排在地势较高、排水良好、通道较多的上风头处,最好能看到全场的其他房舍。办公室和住房朝向应有利于采光(寒冷地区)或遮阳(热带)。

由于该区的经营活动与社会经常发生极密切的联

系,因此,该区的位置确定,应设在靠近交通干线、输电线路的地方,距离场外大道保持在 40～50 m。

(2)生产区

包括羊舍、饲料、饲草贮存和加工调制建筑物等。该区是羊场的核心区,应根据羊场的经营方向和饲养管理方式,进行合理的规划布局。肉羊育肥场主要规划建设育肥羊舍、饲料库、饲料加工车间、青贮窖(池)、贮粪场(池)等。羊舍通向草料库、牧地等设施的交通也应以方便为宜,但应保持一定距离,以利于防火。其饲料供应、贮存加工调制等建筑物的位置应设在地势较高的下风向处,干草、垫草的堆贮点与其他建筑物至少有 60 m 的防火安全距离。贮粪场(池)的设置要考虑便于运出。

(3)病羊管理区

包括病羊隔离舍、兽医室等。该区应设在生产区地势较低的下风向处,并与羊舍保持 300 m 的卫生间距。除兽医诊疗室外,病羊隔离区应尽可能与外界隔绝,要设单独的通路和出口,并设置尸体坑,以防止疾病蔓延和该区污水、污物对环境的污染。

三、适度规模肉羊养殖场场内建筑

1.羊舍的建筑类型有哪些？各有什么特点？

根据屋顶形式分为单坡式和双坡式；依据墙面通风情况分成敞开式、半敞开式和封闭式；依据地面羊床的设置不同分为双列式和单列式等不同的类型。下面举例说明几种常见的羊舍。

(1)敞棚式羊舍

这种羊舍只有顶棚，四面无墙，用于遮阳、避风、避雨用，适合在气温较高的地区和季节使用。为了克服保温能力差的缺点，可在羊舍前后加卷帘，使之夏季通风、冬季保暖。这类羊舍多适用于数量较大短期育肥羊场。

(2)棚舍结合羊舍

这种羊舍适用于温暖的平原地区。有两种主要形式：一是利用原有羊舍一侧墙体，修成三面有墙，前面敞开的羊棚。羊平时可在棚内过夜，气候不适时可进入羊舍内。二是三面有墙，向阳避风面高为 1.0～1.2 m，上部敞开的矮墙,矮墙外面为运动场的羊棚。

（3）楼式羊舍

这种羊舍多利用坡地修建,距地面 1.5～2.5 m 建成吊楼,双坡屋顶(小青瓦或草覆盖),后墙与山墙用片石砌成,前墙为立柱木栅栏墙(也有南北墙均修成半截墙的),木条漏缝地面,缝隙 1～1.5 cm。羊粪尿漏下后顺接粪斜坡汇入羊舍后粪尿池。这种羊舍距地面一定高度,通风,防潮,结构简单,适合于南方炎热潮湿地区采用(图 3-1)。我国东北部山区和西南高寒山区也有修建此类羊舍的例子,但是在寒冷地区应注意羊舍的保暖性。

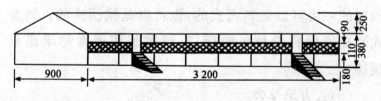

图 3-1 楼式羊舍示意图(单位:cm)

（4）塑料棚舍

塑料棚舍是将房屋式和棚舍式的屋顶部分用塑料薄膜覆盖而建造的一种羊舍,具有经济实用,采光保温和通风性能好的特点。根据暖棚棚顶的形式,可分为棚式和半棚式两种。

棚式塑料暖棚：该暖棚棚顶均为塑料薄膜所覆盖。

这种暖棚多为南北走向,光线上午从东棚面进入,下午从西棚面进入。具有采光时间长,光线均匀,四周低温带少的特点。但这类暖棚对建筑材料的要求严格,且由于跨度大,抗风和耐压程度较差。顶棚均为塑料薄膜覆盖,夜间的保温性能也较差。

半棚式塑料暖棚:该暖棚棚顶一面为塑料薄膜覆盖,另一面为土木或砖木结构的屋面,这是目前普遍使用的一种类型。这类暖棚多坐北朝南,在不覆盖塑料薄膜时呈半敞棚状态。其半敞棚占整个棚的1/3~1/2。一般从中梁处向前墙覆盖塑料薄膜形成南屋面。这类暖棚覆盖塑料的一面可以是斜面式的,也可以是拱圆式的。斜面式暖棚通常称单坡形暖棚,拱圆式暖棚通常称半拱形暖棚。

(5)长方形羊舍

这是我国养羊业采用较为广泛的一种羊舍类型(图3-2)。

长方形羊舍建筑比较方便,变化样式多,实用性强。可根据不同地区的饲养方式、品种及羊群种类,设计内部结构、布局和运动场。在牧区,羊群以放牧为主,除冬季和产羔季节才利用羊舍外,其余大多数时间均在野外过夜,羊舍的内部结构相对简单些,只需在运动场安放水槽、饲槽及草架等设备。以舍饲或半舍饲为主的养羊区,

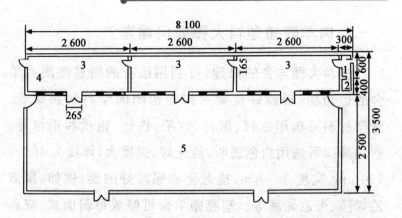

图 3-2　容纳 600 只种羊的长方形封闭式羊舍结构示意图(单位：cm)

舍内应有固定的草架、饲槽、饮水槽,也可将其设在运动场上。舍内布局和结构可以选择单列式(不设走道的,有关设施沿墙而设;设走道的,走道以靠北墙为宜);双列式(对头排列则中间设走道,走道两侧建带有颈枷或斜架的固定饲槽,对尾排列则把走道、饲槽等靠前后墙而设)。羊舍内走道用水泥、砖石铺设。

　　舍前的运动场设在南面,其面积为羊舍面积的 2～3 倍,地面稍向外倾斜,以利于排水。运动场和羊舍可根据分群饲养的需要进行分隔。羊舍宽度为 7～10 m,过宽不易保暖,过窄则利用率低,管理也不方便。羊舍长度要根据羊群大小、每只羊应占面积及利用方式等灵活掌握。

2. 肉羊养殖塑料大棚如何建造?

塑料大棚羊舍的修建,可利用已有的简易敞圈或羊舍的运动场,搭建好骨架后扣上密闭的塑料薄膜而成。骨架材料可选用木材、钢材、竹竿、铁丝、铅丝和铝材等。塑料薄膜可选用白色透明、透光好、强度大,厚度为 100~120 μm、宽度 3~4 m,抗老化和保温好的膜,例如,聚氯乙烯膜、聚乙烯膜等。塑膜棚羊舍可修成单斜面式、双斜面式、半拱形和拱形。薄膜可覆盖单层,也可覆盖双层。棚内圈舍排列,既可为单列,也可修成双列。结构最简单、最经济实用的为单斜面式单层单列式膜棚。

建筑方向坐北向南。棚舍中梁高 2.5 m,后墙高1.7 m,前沿墙高 1.1 m。后墙与中梁间用木材搭棚,中梁与前沿墙间用竹片搭成弓形支架,上面覆盖单层或双层膜。棚舍前后跨度 6 m、长 10 m,中梁垂直地面与前沿墙距离 2~3 m。山墙一端开门,供饲养员和羊群出入,门高 1.8 m、宽 1.2 m。在前沿墙基 5~10 cm 处留进气孔,棚顶开设 1~2 个排气百叶窗,排气孔应为进气孔的1.5~2 倍。棚内可沿墙设补饲槽、产仔栏等设施。棚内圈舍可隔离成小间,供不同年龄羊只使用。在北方地区的寒冷季节(11月~翌年 2 月),塑膜棚羊舍内的最高温度可达 3.7~5.0℃,最低温度为 −2.5~−0.7℃,分别比棚外温度提高 4.6~5.9℃和 21.6~25.1℃,可基本满足羊的生长发育要求。

3.羊舍的建筑设计要求及基本结构是怎样的?

(1)羊舍建筑的基本要求

建造羊舍的目的是保暖防寒,满足绵羊、山羊的生理需求,以保证羊群有良好的生活环境和有利于各类羊群的生产管理,从而发挥最佳的生产性能和产生最佳的经济效益。

羊舍面积:根据饲养羊的数量、品种和饲养方式而定。面积太大,浪费土地和建筑材料,管理不便,而且还加大建场成本,也不利于冬季保温;面积太小,舍内易潮湿,空气污染严重,羊只拥挤在一起,对健康不利,同样管理也不便,影响生产效果。各类羊只适宜面积为:一般肉用羊每只需要面积 1~2 m²,种公羊(单饲)4~6 m²,种公羊(群饲)2~2.5 m²,春季产羔母羊 1.1~1.6 m²,冬季产羔母羊 1.4~2.0 m²,青年公羊 0.7~1 m²,青年母羊 0.7~0.8 m²,断奶羔羊 0.2~0.3 m²(占母羊面积的20%),商品肥羔(当年羔)0.6~0.8 m²。羊舍设置运动场面积应为羊舍的 2~3 倍,成年羊运动场面积可按每只4 m² 计算。产羔舍内附设产房,房内有取暖设备,必要时可以加温,产羔舍面积按产羔母羊数的 20%~25% 计算面积。

羊舍温度：一般冬季产羔舍舍温不低于 8℃，其他羊舍不低于 0℃；夏季舍温不超过 30℃。

羊舍湿度：羊舍要保持干燥，地面不潮湿。建造楼式舍或离地高床可解决羊舍潮湿问题，南方多雨地区宜采用。舍内相对湿度应保持在 50%～70%。

通风换气：为了保证羊舍干燥和空气新鲜，必须有良好的通风设备与措施。可在屋顶上设通风气孔，孔上有活门，必要时可以关闭（也可以在墙面设通风孔）。如果采用管道通风，舍内排气管横截面积为每羊 0.005～0.006 m^2，保证每羊每小时 3～4 m^3 的新鲜空气。通风换气参数：成年绵羊舍每只每分钟 0.6～0.7 m^3（冬季）、1.1～1.4 m^3（夏季）。

羊舍采光系数：成年羊舍 1：（15～25），高产羊舍 1：（10～12），羔羊舍 1：（15～20），产羔羊舍的采光系数应小。羊舍光照入射角应不小于 25°，透光角不小于 5°。

（2）羊舍基本结构

羊舍的基本结构包括屋顶、顶棚、墙、门、窗、地面、楼板、基础等部分。

地基和基础：地基是支撑建筑物的土层，有天然、人工地基之分。天然地基的土层应具备一定的厚度，好有足够的承重能力，沙砾、碎石及不易受地下水冲刷的沙质土层是良好的天然地基。简易的小型羊舍,因负载小,一般建于自然地基上,要求有足够的承重能力和厚度,抗冲刷力强,膨胀性小,下沉度应小于 2～3 cm;建造中大型羊舍应开挖并夯实地基。

基础:建于地基之上,是墙壁没入土层的部分,也是墙体的延续和支撑。要求基础具备坚固耐久、抗机械能力及防潮、抗震、抗冻能力强的特点。一般基础比墙宽 10～15 cm,可选择砖、石、混凝土、钢筋混凝土等作基础建筑材料。

墙和隔墙:墙是羊舍的主要结构,起承载屋顶或隔断、防护、保温等功能,设计时应依其功用要求而不同。因冬季通过墙体的散热量占畜舍总散热量的 35%～40%,因此,对墙的要求是坚固耐久、抗震防火、保温隔热、造价低、易消毒。

我国多采用土墙、砖墙和石墙等,其中砖墙最常用,砖墙厚度分为半砖墙、一砖墙和一砖半墙。也有采用金属铝板、胶合板、玻璃纤维材料建成保温隔热墙,效果很好。南方农村建非承重墙采用当地竹木作隔墙,透气凉爽。

屋顶与天棚:屋顶具有防雨水和保温隔热的作用,其中保温隔热作用相对大于墙,舍内因上部温度高,屋顶内外的温度大于墙内外的温度。

　　屋顶材料有陶瓦、石棉瓦、木板、塑料薄膜、油毡等，也有采用金属板的。通常采用多层建筑材料，增加屋顶的保温性。在寒冷地区可加天棚，其上可贮冬草，能增强羊舍保温性能。南方温暖地区不考虑天棚设计。楼式羊舍让羊冬住楼下，楼上贮草，也有天棚的效果；夏住楼上，干燥清洁。

　　羊舍屋顶可采用单坡式、双坡式、平顶式、钟楼式或拱式等，羊舍净高（地面至天棚的高度），以 2.0～2.4 m为宜，在寒冷地区可适当降低。单坡式羊舍一般前高2.2～2.5 m，后高 1.7～2.0 m，屋顶斜面呈 45°。其他类型羊舍可参考设计。

　　地面和羊床：有实地面和漏缝地面两种类型，北方通常采用实地面作羊床，供羊只卧息，排泄粪尿。

　　羊舍地面一般用保温性好、导热小的材料建造。因建筑材料不同而有整实黏土、三合土（石灰∶碎石∶黏土为1∶2∶4）、石地、砖地、水泥地、木质地面等。地面处理要求致密、坚实、平整、无裂缝、不硬滑，达到卧息舒服，防止四肢受伤或蹄病发生。不渗水，地面应有 1.0%～1.5% 的斜度，便于排污，利于清扫、消毒，能抗消毒液侵蚀。采用砖铺地面，效果也很好。

　　设计羊床时，可先用竹片或木条制成床板，中间留有缝隙，以利于羊粪尿漏出。羊床需离地面 30 cm，羊床下可用砖砌成高 25 cm 左右的床腿,再将羊床板铺设在上面。

漏缝地面用软木条或镀锌钢丝网等材料做成。木条宽 32 mm,厚 36 mm,缝隙宽 15 mm,适用于成年绵羊和 10 周龄羔羊;镀锌钢丝网眼,要略小于羊蹄面积。

门和窗:门窗的设置应依羊舍类型和面积大小灵活设计,既便于进出、通风、采光,又利于防寒保暖。羊舍门应向外开,不设门槛。视羊舍大小设 1 或 2 个门,一般设于羊舍两端,正对通道。门宽度 2.5~3.0 m,高度 1.8~2.0 m。寒冷的北方地区可设套门。

羊舍窗户面积一般占地面面积的 1/15,窗户应向阳,每个窗户宽 1.0~1.2 m、高 0.7~0.9 m,窗台距地面高 1.3~1.5 m。

在通常情况下,窗户是打开的。冬季当气温降到 5℃ 时,为了保暖,可将窗户用塑料薄膜封死。同时,在羊舍的南墙设通风口。通风口一般距地面 50 cm。因为这个位置离羊排出的粪便比较近,有利于污浊空气的排放。在冬季,可将其通风口用泥土堵死,但不可用塑料薄膜,以防羊只食入薄膜引起疾病。

4.青贮塔(池)如何建设?

(1)青贮塔

青贮塔分为全塔式和半塔式两种。全塔式直径为

4～6 m,高 6～16 m,容量 75～200 t。半塔式埋在地下深度 3～3.5 m,地上部分高度 4～6 m。塔身用砖石砌成。塔壁有足够的强度,表面光滑,不透水,不透气。外表最好涂上绝缘材料。塔身侧壁有一取料口,塔顶用不透水、不透气的绝缘材料制成,其上有一个可密闭的装料口。这种塔由于出料口较小而深度较大,饲料叠加度高,借助自重压紧程度大,空气含量少,青贮效果好,只是建筑费用昂贵。

(2)青贮池

青贮池分为地上式、地下式和半地下式。地上式建筑费用较高,制作青贮不易,但取料方便;地下式结构简单,建造费用低,易推广,但窖中易积水,常引起青贮料霉烂,必须注意周围设排水沟;半地下式建筑费用和优缺点介于二者之间。青贮池一般为长方形,宽 3～3.5 m,高(深)3～4 m,长度不一,一般为 15～20 m,可长达 30～50 m。

(3)青贮袋

即袋装调制青贮料。此袋为一种特制的塑料大袋,袋长可达 36 m,直径 2.7 m,塑料薄膜用两层帘子线增加强度,非常结实。袋式青贮制作简单,成本低,适应性强,适于小型肥育羊场。

四、适度规模肉羊养殖场
养殖设施(设备)

1.肉羊常用补饲槽架有哪几种形式？各有什么特点？

（1）饲槽

饲槽是喂羊常用的设备,可用以饲喂精料、青贮料和块根块茎类饲料,一般设在羊圈的北边护栏下端的外面。

饲槽宽约 30 cm,槽底距羊床高 34 cm 左右,槽边缘高约 12.5 cm,深 15 cm 左右,用水泥涂抹平整以利于清扫。上部要稍向外倾斜,槽底要平。为防止羊进入槽内,应在距槽上部约 25 cm 的上方安装一根长栏杆。饲槽和草架的数量,可按每只羊在其一面能占据的空间计算,一般羔羊为每只占 30 cm 左右,大羊为每只占 45 cm 左右。

（2）水槽

一般设在羊圈的南边,高度距羊床 34 cm,因过低羊腿易插入水槽。长 1.5～2.0 cm,深 15 cm 左右,内径

25 cm。在水槽的北端设一漏水口,以利于排出羊未饮用完的水并保持水质清洁。

(3)草架

利用草架喂羊,可以减少浪费,避免草屑污染羊毛。草架有多种形式,如单面式(图4-1)、双面式(图4-2)、圆形式以及草料联合式。

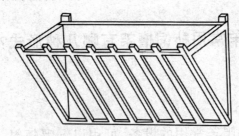

图4-1 单面式草架

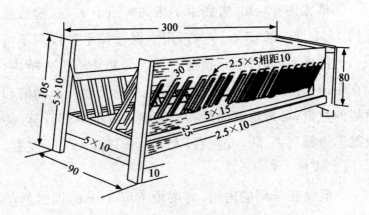

图4-2 双面活动补饲草架(单位:cm)

单面式是靠墙斜立固定,只能一面供羊采草;双面式能使羊从两面采草;圆形式则为钢筋制成的上口大、下口小的圆栅,羊可从四周采草;草料联合式可同时补饲饲草饲料,可建成固定式或移动式。

单面式和双面式的草架可用木料或钢筋制成,栅栏用钢筋或木料制成,草料联合式草架的建材更广泛。

草架设计长度成年羊按每只 30～50 cm,羔羊 20～30 cm,草架隔栅间距以羊头能伸入栅内采食为宜,一般15～20 cm。

2.肉羊场所需饲料加工设备有哪些?

对适度规模肉羊养殖场来说,饲料加工机械主要包括切碎、粉碎和制粒等设备。

(1)铡草机和草贮料切碎机

按动力形式可以分为人力、畜力和机动 3 种形式,主要用它切碎秸秆和青饲料。我国目前生产的铡草机和青贮料切碎机主要有两种类型,即滚筒式和圆盘式。

滚筒式铡草机:主要工作部件由上下喂入辊、固定刀刃和切割滚筒等组成。工作时,上下喂入辊以相对方向转动,把夹在两辊之间的草料向里喂入,然后被动力刀片和支承刀片切成碎段。喂入速度快则碎段长,反之则碎段短。

圆盘式铡草机：主要工作部件是由喂入、切碎、抛送和传动机构所组成。工作时，喂入链和上下喂入辊把饲草不断向里喂入，送到切割部分，被转动刀片和支承刀片切成碎段。切下的碎段最后被风扇叶片抛送出去，抛送的高度可以达到 10 m 以上。青贮料切碎机多为圆盘式。

（2）饲料粉碎机

饲料粉碎机用来粉碎各种粗、精饲料，使之达到一定细度。目前，国内常用的饲料粉碎机主要有锤片式和爪式两种类型。

锤片式饲料粉碎机：主要由 4 组绞接悬挂在转子上的锤片、筛片和风机等组成。由于锤片式饲料粉碎机结构简单、适应性广、使用和维修方便，被广泛地应用。锤片式粉碎机按喂料方向不同，可分为切向喂入式和轴向喂入式两种：前者喂料口大，特别适于粉碎体积大、容重小的饲料。后者是在转子上带有两把切刀，饲料按转子转动方向轴向喂入后，首先被切刀切成两段，再被锤片打击粉碎，粉料通过筛孔排入集粉装置。轴向喂入式饲料粉碎机适于粉碎茎秆粗的饲料。

爪式饲料粉碎机：主要由带圆齿的动盘和带扁齿的定盘构成。饲料由料斗喂入后，被动盘和定盘上的齿爪打击粉碎成粉，再由卸料口排出，适合粉碎谷粒饲料，成品较细。

（3）颗粒饲料机

饲料搅拌均匀后，用颗粒饲料机压制成圆柱形的颗粒物，颗粒饲料机主要有两种形式，即环模式和平模式。

环模式颗料机的主要工作部件是由一个钢模环圈和两个滚轮组成的。钢模环圈是一个做旋转运动的多孔柱筒，在筒内通常有两个表面带沟纹的随动滚轮。饲料进入钢模环圈后，即被随动滚轮压入钢模环圈的工作表面，嵌入钢模孔中，并从钢模外壁挤出，被切刀切成圆柱形颗粒。环模式颗粒机一般都带有搅拌器以及加水或通气等设备。

平模式颗粒机用以将潮湿的粉料研制成所需的颗粒，也可将块状的干料粉碎到所需的颗粒。主要特点是筛网装拆简易，还可适当调节松紧。七角滚筒拆卸方便、容易清洗。机械传动系统全部封闭在机体内，并附有润滑系统，整机运转平稳。该机采用皮带及涡轮蜗杆两级传动，转动平稳、噪声低、喂料依靠物料自身的重力，避免堵塞、主轴的转速约为 60 r/min，压辊的线速度约为 2.5 m/s，可有效去除物料中的气体，增加了产品的紧密程度。由于线速度较低，同时降低了运行时产生的噪声和零部件的磨损。压辊轴承有持久润滑和特殊密封，可防止制粒过程中润滑剂污染物料和减少润滑剂的损失。

3.肉羊养殖场常用的栅栏有哪些？各有什么特点？

（1）母仔栏及其他围栏

主要是为羊场母羊产羔、瘦弱羊隔离而设的。一般为两块栅板用铰链连接而成。将此活动木栏在羊舍角隅呈直角展开，并将其固定于羊舍墙壁上，可围成 1.2 m×1.5 m 的母仔间，供一只母羊及其羔羊单独停留用。如将此栅板呈直线安置，则既可代羊舍隔间用，也可结合重叠围栏或三角架围栏，用于围成羔羊补饲栏或隔离有关羊只。母仔栏的数量一般为母羊数的 10%～15%。

（2）羔羊补饲栅

主要用于羔羊补饲。可将多个栅栏、栅板或网栏在羊舍或补饲场靠墙围成足够面积的围栏，在栏间插入一个大羊不能入内、羔羊能自由出入的栅门。栏内食槽可放在中央或依墙而设。

（3）分群栏

在大、中型肥育羊场，为了提高羊鉴定、分群、防疫注射时的工作效率，节省劳动力和劳动强度，通常要修筑分群栏。分群栏可用栅栏组成，入口处呈喇叭口状，通道宽度比羊体稍宽，羊在通道中央只能单行前进，不能回头转向；通道长度视需要而定，其两侧可设置若干个小羊圈，圈门宽度与通道等宽,由此圈门的开关方向决定羊只的去路。

4. 药浴池如何修建?

为了防治疥癣及其他体外寄生虫,每年要定期给羊群药浴。供羊群药浴的药浴池一般用水泥筑成,形状为上宽下窄的长方形长沟。池底长 7 m,入口斜坡长 1 m,出口斜坡长 4 m,池上方长 12 m,池深 80～90 cm,池底宽50～60 cm,池上宽80～90 cm,以一只羊能通过而不能转身为度。药浴池入口一端呈陡坡,在出口一端筑成台阶,以便羊只行走。在入口一端设有羊栏或围栏,羊群在内等候入浴,出口一端用水泥修成有一定坡度的滴流台。羊出浴后,在滴流台上停留一段时间,使身上挂不住的药液流回池内(图 4-3)。

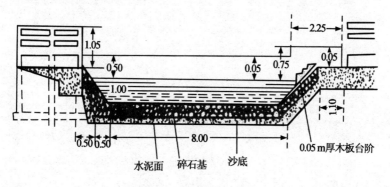

图 4-3　羊药浴池(单位:m)

　　相比较于其他药浴方式,此法投资小,方法简便易行,又可药浴较多的羊只,适于中、大型肥育羊场。

　　小型肥育羊场可采用桶浴,即将药液盛在一个小型的容器内,如木桶、大盆、大锅或特制的水槽,药浴时一只一只进行洗浴,也可将药液兑好后装入喷雾器进行喷浴。

五、适度规模肉羊养殖场环境控制

1. 肉羊养殖场夏季防暑的措施有哪些？

在南方或夏季，防暑降温非常重要。可采取以下措施。

（1）搭建凉棚

在运动场增设凉棚，避免太阳直晒羊体，每到暑期高温天气，还应适当增加羊在棚内的停留时间。简易凉棚可减少 30% 的太阳辐射热。凉棚以高为宜（如 3.0 m），一方面便于通风；另一方面也减少了棚顶对肉羊的热辐射。顶棚所选用的材料应有良好的隔热性能且辐射系数小，也可通过在其表面涂刷反射率高的油漆或设置中间留有空隙的双层板结构以降低棚顶对辐射热的吸收。同时，顶棚的角度、结构及凉棚朝向也应考虑，顶棚以钟楼式或倾斜式（18°～22°）为宜，其有助于热气流向上流动，但倾斜度不宜小于 18°，否则，空气流动受阻，造成夏季室温增高。此外，凉棚朝向应考虑夏季主风向和太阳入射角。

（2）空气的蒸发冷却

经特殊设计的喷雾或雾化装置固定在棚顶，它可向凉棚中的肉羊吹散冷风或雾，水分蒸发，吸收空气中的热量，进而将空气冷却。冷却效果与空气湿度成反比，这种方法比较适合于北方气候干燥的环境，能降低舍温4～8℃。

用自来水冲洗地面，既保持棚舍内卫生，也可使棚舍内降温。

（3）舍内安装风扇

利用排风扇加快棚舍内空气流通。可采用纵向通风法降温，即先关闭门窗，在后门设置排风口，在前门设置进风口。在排风口处依舍内空间大小，均匀合理地设置一定数量的排气扇，沿棚舍的纵轴通风。

（4）种树遮阴

在羊舍周围种植一些阔叶树、草皮和藤蔓植物遮阴，既可避免阳光直射，减少辐射热，又可美化环境，营造出凉爽的小气候。

此外，把屋顶涂白或用麦秸或茅草覆盖屋顶，均可收到降低舍内温度的良好效果。

保证充足饮水是防暑降温的手段之一。

2. 肉羊养殖场冬季防寒的措施有哪些？

在寒冷地区的羊舍，较温暖地区的产羔舍、幼羊舍则必须供暖。当羊舍保温不好或过于潮湿、空气污浊时，为保持较高的温度和有效的换气，也必须供暖。羊舍的供暖包括集中供暖和局部供暖两种形式。

（1）集中供暖

集中供暖是由一个集中供暖设备，通过煤、油、煤气、电能等的燃烧产热来加热水或空气，再通过管道将热介质输送到舍内的散热器，放热加温羊舍的空气。一般要求分娩舍温度在 15～22℃，保育舍温度 20℃左右。常用的设备有锅炉供暖和热风炉供暖。

（2）局部供暖

局部供暖有红外线灯、电热保温板等，主要用于哺乳羔羊的局部供暖，一般要求达到 20～28℃。

红外线灯：一般为 250 W，吊于羔羊躺卧区效果比较理想。缺点是红外线灯寿命较短，容易碰坏或溅上水滴击坏。

电热保温板：由电热丝和工程塑料外壳等组成。使用时可放在羔羊躺卧区。电热保温板使用寿命较长，但羔羊周围空气环境温度较低。

（3）太阳能供暖

在我国北方地区，为了节约能源，降低养羊成本，一些养羊专业户和部分规模羊场采用塑料暖棚养羊,利用太阳能供暖,取得了良好的效果。

(4)其他方式供暖

有些羊场采用火墙、地龙、火炉等方式供暖。这些方式虽简便易行,但对热能的利用不甚合理,供暖效果不理想。

(5)其他保温措施

可通过加大饲养密度,增加铺垫草,防止舍内潮湿,控制气流、防止贼风等管理措施提高羊舍温度。

3.羊舍湿度应如何控制?

舍内的湿度受外界气温的影响,主要与粪尿、饮水、潮湿的地面以及羊皮肤和呼吸道的蒸发有关。一般情况下,舍内空气的绝对湿度总是大于舍外。在通风良好的夏、秋季节,舍内外相差不是很大,在冬季封闭舍通风不良时,舍内水汽 75% 左右来自羊体及粪尿的蒸发,舍内空气的绝对湿度显著大于舍外。在保温隔热不良的羊舍,一天中的温度变化较大,如果空气潮湿,当气温下降时,很容易达到露点而凝结形成雾。虽然气温降到露点,但如果地面、墙壁、窗户和天棚的导热性能好,温度低达露点,即在羊舍的内表面凝结为液体,甚至由水再结成冰。水分还会渗入围护结构的内部,当气温升高时,这些水分再蒸发出来,使舍内空气湿度经常很高。潮湿的围护结构,保温隔热性能下降,并影响建筑物的使用寿命和维修保养费用。高湿对羊的体热调节、健康和生产力都有不良影响。

解决羊舍湿度的主要措施是加强通风换气、地面铺垫干燥物等。

六、适度规模肉羊养殖场经济效益核算

1. 如何做好肉羊养殖场的经济核算？

羊场经济核算是对羊场生产经营过程中所发生的一切活劳动消耗和物化劳动消耗以及一切经营成果进行记载、计算、考察和对比分析的一种经济管理方法。它以获得最佳经济效益为目标，运用会计核算、统计核算和业务核算等手段，对生产经营过程中活劳动和物资消耗以及取得的成果用价值形式进行记录、计算、对比和分析，借以发掘增产节约的潜力和途径。因此，它是有计划管理经济的方法。

羊场经济核算包括生产经营全过程的核算，主要是：

①生产消耗的核算，又称生产成本的核算，包括物质消耗与劳动消耗两个方面。

②生产成果的核算，包括质量和数量两个方面。

③资金的核算，包括固定资金和流动资金两个方面。

④财务成果的核算，又称利润的核算。各项核算内

容通过一系列技术经济指标来体现。经济核算的指标体系一般包括产量指标（实物产量、工时产量）、产值指标（总产值、商品产值、净产值）、品种指标（产品品种数量、新产品数量等）质量指标（产品合格率、优质品率成品）劳动指标（全员或生产工人劳动生产率工时利用率等）、物资消耗指标（单位产品消耗量、万元产值物资消耗量等）、设备利用指标（设备利用率等）、成本指标（主要产品单位成本、可比产品成本降低率等）、资金占用指标（固定资金利润率、流动资金利润率、流动资金周转天数等）、利润指标（资金利润率、产值利润率）等。

为保证经济核算工作正常进行，必须做好羊场内部的原始记录、定额管理、计量工作、清产核资和厂内计划价格等基础工作。通过经济核算，职工个人的经济利益要同工厂的经济利益挂起钩来，做好考核、分析、评比工作，提高核算的效果。

2.肉羊养殖场经营的主要成本包括哪些方面？

成本核算是羊场进行产品成本管理的重要内容，是羊场不断提高经济效益和市场竞争能力的重要途径。羊场的成本核算就是对所饲养的羊所消耗的物化劳动和活劳动的价值总和进行计算，得到每个生产单位产品所消耗的资金总额，即产品成本。成本管理则是在进行成本核算的基础上,考察构成成本的各项消耗数量及其增减变化的原因,寻找降低成本的途径。在增加生产量的同时,不断地降低生产成本是羊场扩大赢利的主要方法。

为了客观反映生产成本,我们必须注意成本与费用的联系和区别。在某一计算期内所消耗的物质资料和活劳动的价值总和是生产费用,生产费用中只有分摊到产品中去的那部分才构成生产成本,两者可以是相等的也可以是不等的。

(1)成本费用核算内容

肉羊养殖场的总成本费用由生产成本和期间费用组成。

生产成本:生产成本是羊场为了经营发展而发生的各项生产费用,包括各项直接支出和制造费用。直接支出包括直接材料(原材料、辅助材料、备品备件、燃料及动力等)、直接工资(生产人员的工资、补贴)、其他直接支出(如福利费);制造费用是指羊场内为组织和管理生产所发生的各项费用,包括管理人员工资、折旧费、维修费、修理费及其他制造费用(办公费、差旅费、劳保费等)。

期间费用:期间费用是指企业本期发生的、不能直接或间接归入营业成本,而是直接计入当期损益的各项费用。包括管理费用、财务费用和销售费用等。

管理费用是羊场为组织和管理相关的生产经营活动

所发生的费用,包括羊场的行政管理部门在羊场经营管理中发生的,或者由羊场统一负担的经费。它包括行政管理部门职工的工资、修理费、物料消耗、低值易耗品摊销、办公费和差旅费、工会经费、待业保险费、劳动保险费、聘请中介机构费、咨询费、诉讼费、业务招待费、房产税、车船使用税、土地使用税、印花税、技术转让费、开办费、矿产资源补偿费、无形资产和长期待摊费用摊销、职工教育经费、研究开发费、提取的坏账准备等。

财务费用是羊场为筹集生产经营活动所需资金等而发生的费用,包括利息支出(减利息收入)、汇兑损失(减汇兑收益)以及相关的手续费等。为购建固定资产而筹集资金所发生的费用,在固定资产尚未交付使用前发生的,应计入有关固定资产的购建成本。

销售费用是指羊场销售过程中发生的费用,包括运输费、装载费、包装费、保险费、展览费和广告费以及为销售产品而专设的销售机构(含销售网点、售后服务网点等)的职工工资及福利费、类似工资性质的费用、业务费等经营费用。

羊场发生的经营费用在"销售费用"科目核算,并按照费用项目设置明细科目进行明细核算。羊场发生营业费用时,借记"销售费用"科目,贷记有关科目。期末,应将"销售费用"科目的余额转入"本年利润"科目,结转后

"销售费用"科目应无余额。

（2）成本费用的计算方法

成本核算是企业进行产品成本管理的重要内容，是羊场不断提高经济效益和市场竞争能力的重要途径。羊场的成本核算就是对羊场生产仔羊、商品羊、种羊等产品所消耗的物化劳动和活劳动的价值总和进行计算，得到每个生产单位产品所消耗的资金总额，即产品成本。成本管理则是在进行成本核算的基础上，考察构成成本的各项消耗数量及其增减变化的原因，寻找降低成本的途径。在增加生产量的同时，不断地降低生产成本是羊场扩大赢利的主要方法。

为了客观反映生产成本，我们必须注意成本与费用的联系和区别。在某一计算期内所消耗的物质资料和活劳动的价值总和是生产费用，生产费用中只有分摊到产品中去的那部分才构成生产成本，两者可以是相等的，也可以是不等的。

进行生产成本的核算需要完整系统的生产统计数据，这些数据来自于日常生产过程中的各种原始记录及其分类整理的结果。所以，建立完整的原始记录制度、准确及时地记录和整理是进行产品成本核算的基础。通过产品的成本核算达到降低生产成本、提高经济效益的目的，我们需要了解具体的成本核算方法。

第一步,确定成本核算对象、指标和计算期单位。养羊场生产的终端产品是仔羊、种羊和瘦肉型商品羊,成本核算的指标是每千克或每头产品的成本资金总量,计算期有月、季度、半年、年等单位。现以 100 头基础母羊、本年度存栏变化很小(如变化较大应将增减的羊群消耗剔除,消除其影响)的小型羊场为例,将商品羊作为成本核算的对象,以元/kg、元/头为核算成本的指标,以年为计算期单位说明羊场成本核算的具体过程和方法。

第二步,确定构成养羊场产品成本的项目。一般情况下将构成羊场产品成本核算的费用项目分为两大类,即固定费用项目和变动费用项目。变动费用项目是指那些随着羊场生产量的变化其费用大小也显著变化的费用项目,例如,羊场的饲料费用;固定费用项目是指那些与羊场生产量的大小无关或关系很小的费用项目,其特点是一定规模的养羊场随着生产量的提高由固定费用形成的成本显著降低,从而降低生产总成本,这就是规模效应,降低固定费用是羊场提高经济效益的重要途径之一。

变动成本费用项目:饲料、药品、煤、汽油、电和低值易耗物品费。其中饲料包含饲料的买价、运杂费和饲料加工费等。

固定成本费用项目:饲养人员工资、奖金、福利费用,以及羊场直接管理人员费用、固定资产折旧和维修费。

第三步,成本核算过程。

各类成本发生额如下,其中,变动成本中原材料采购成本的核算:

$$采购费用分配率=采购费用总额/原料总买价\times100\%$$

$$原料采购成本=买价\times采购费用分配率$$

饲料产品加工费分配量=加工费总额/加工总量

$$已消耗饲料产品的成本价=原料组成价/损耗率+加工费分配量$$

$$损耗率=(原料消耗量-饲料成品量)/原料消耗量\times100\%$$

在饲料加工过程中,其饲料产品的原料价应按饲料配方的组成计算。

$$总饲养成本=饲料变动成本+其他变动成本+固定成本$$

通过以上核算,我们定量了产品中各种成本在总成本中的比例,同时得到了该年度肉羊产品的总成本及单位产品的成本。如将每年或各季度的成本进行如此核算,并进行比较,我们会发现企业存在的问题及提高效益的潜力,这对降低成本将有巨大作用。

成本核算的意义在于：通过产品成本核算，明确了产品成本构成的项目，加强财务管理。从上述产品核算的过程及结果中，我们可以明确地看到产品成本构成的项目。如果有不合理的开支项目，在核算的过程中必然会暴露出来。此类项目的多少与大小直接影响着羊场的生产成本，也反映了羊场财务管理的状态。进行细致而严格的羊场产品成本核算，必然会加强羊场的财务管理，减少财务漏洞，从而降低产品生产成本，提高羊场经济效益。

通过产品成本核算，明确了产品的总成本及单位成本。产品核算的结果告诉我们，每生产一单位的产品需用多少资金，那么我们就可以根据产品市场售价随时了解羊场的盈亏状态。例如，商品羊的售价是 8 元/kg，则处于赢利状态；若售价 6.82 元/kg，则处于盈亏平衡临界点。这将有利于决策者根据市场价格随时调节生产过程，以利于提高经济效益。

通过产品成本核算，了解了产品总成本中各项成本的比例。了解这个比例有利于决策者对现实的成本构成做出正确的评价，发现问题的同时找到机遇。例如，作为国有大羊场人员较多，机械化程度较高，其变动成本与固定成本的比例一般为 7.5：2.5，而农村规模化养羊场一般为 9：1，这个比例深刻反映了不同体制下运行的同类羊场为什么成本相差很大的原因。提高固定资产利用率,降低固定成本的比例始终是追求羊场经济效益的有效方法之一。

进行全面的成本核算有利于对羊场实行全面的计划管理。当我们通过成本核算得到某一羊场在其具体环境中单位产品的赢利额时,我们就可以根据该羊场的平均固定成本数额确定盈亏点。例如,每头商品羊的售价是800元,实际总成本为650元,则每头羊可赢利150元。以某羊场为例,2012年度固定成本总额是23.1万元,那么该羊场出栏1 540头时才可以达到盈亏平衡点;如果羊场的固定资产投资大,并且负债信贷资金,就必然加大羊场的固定成本总额及其在总成本中的比例,从而必然提高盈亏平衡点时的产品数量,即商品羊的头数。其结果是增大羊场经营风险,相对降低羊场效益。例如,该羊场固定成本为45万元时,就必须使出栏头数达到3 000头才达到盈亏平衡点,此点在进行羊场投资时或制订年度计划时必须进行周密的考虑。

提高生产效率,可以降低固定成本及变动成本。通过进行成本核算我们看到,产品的成本构成是由固定成本和变动成本两大部分组成,提高生产效率可以同时降低这两项的总额。所以提高技术水平,调动职工积极性,提高羊场合格产品的数量,减少单位产品的摊销费用从而降低成本,可以达到提高羊场效益的目的。

综上所述,加强羊场成本核算,并对核算的结果进行细致的分析是提高羊场经济效益最重要的途径之一。很难想象一个没有进行严格的成本核算的羊场、一个不能对成本结构进行经济分析的羊场,能够采取有效的措施使羊场产生良好的经济效益。因此,对羊场进行成本核算和成本管理,学会对核算的结果进行科学分析,并适时做出正确决策是未来羊场进一步提高市场竞争能力的重要措施。

3.肉羊养殖场的主要经营收入来源有哪些?

(1)营业收入和税费的核算

营业收入是羊场在生产经营活动中,因销售产品或提供劳务而取得的各项收入。营业收入管理是羊场财务管理的一个重要方面,它关系到羊场的生存和发展,加强营业收入管理对羊场有重要的意义。加强营业收入管理,可以促使羊场深入研究和了解市场需求的变化,以便作出正确的经营决策,避免盲目生产,这样可以提高羊场的质量,增强羊场的竞争力。

营业收入由主营业务收入和其他业务收入构成。主营业务收入是指企业持续的、主要的经营活动所取得的收入。主营业务收入在企业收入中所占的比重较大,它对企业的经济效益有着举足轻重的影响。其他业务收入是指企业在主要经营活动以外从事其他业务活动而取得的收入,它在企业收入中所占的比重较小。

营业税是对在我国境内提供应税劳务、转让无形资产或销售不动产的单位和个人,就其所取得的营业额征收的一种税。营业税属于流转税制中的一个主要税种。

营业收入利税率是衡量羊场营业收入的收益水平指标。计算公式如下:

$$营业收入利税率=利税总额/营业收入×100\%$$

(2)利润的核算

利润是指羊场在一定会计期间的经营成果,它是羊场在一定会计期间内实现的收入减去费用后的净额。对利润进行核算,可以及时反映羊场在一定会计期间的经营业绩和获得能力,反映羊场的投入产出效率和经济效益,有助于羊场投资者和债权人据此进行盈利预测,评价羊场经营绩效,作出正确的决策。

根据企业会计的规定,羊场利润包括营业利润、投资收益、补贴收入、营业外收入和支出、所得税等组成部分。其中,营业利润加上投资收益、补贴收入、营业外收入,减去营业外支出后的数额,又称之为利润总额;利润总额减去所得税后的数额即为羊场的净利润。用公式表示如下:

营业利润＝营业收入－营业成本－营业税金及附加－

销售费用、管理费用和财务费用－资产减值损失＋

公允价值变动收益（减损失）＋投资收益（减投资损失）

利润总额＝营业利润＋营业外收入－营业外支出

净利润＝利润总额－所得税费用

其中：营业收入包括主营业务收入和其他业务收入；营业成本包括主营业务成本和其他业务成本。

营业利润是指主营业务收入减去主营业务成本和主营业务税金及附加，加上其他业务利润，减去营业费用、管理费用和财务费用后的净额。其他业务利润是指其他业务收入减去其他业务支出后的净额。

投资收益是指羊场对外投资所取得的收益，减去发生的投资损失和计提的投资损失准备后的净额。

补贴收入是指羊场按规定实际收到退还的增值税，或按销量或工作量等依据国家规定的补助定额计算并按期给予的定额补贴，以及属于国家财政扶持的领域而给予的其他形式的补贴。

营业外收入和营业外支出是指羊场发生的与其生产经营活动无直接关系的各项收入和各项支出。其中，营业外收入包括固定资产盘盈、处置固定资产净收益、罚款净收入等。营业外支出包括固定资产盘亏、处置固定资产净损失、处置无形资产净损失、债务重组损失、计提的无形资产减值准备、计提的固定资产减值准备、罚款支出、捐赠支出、非常损失等。营业外收入和营业外支出应当分别核算,并在利润表中分别项目反映。营业外收入和营业外支出还应当按照具体收入和支出设置明细项目,进行明细核算。

所得税,是指羊场应计入当期损益的所得税费用。

(3)利润分配核算

利润分配,是将羊场实现的净利润,按照国家财务制度规定的分配形式和分配顺序,在国家、羊场和投资者之间进行的分配。利润分配的过程与结果,是关系到所有者的合法权益能否得到保护,羊场能否长期、稳定发展的重要问题,为此,羊场必须加强利润分配的管理和核算。

羊场利润分配的主体一般有国家、投资者、羊场和羊场内部职工;利润分配的对象主要是羊场实现的净利润;利润分配的时间,即确认利润分配的时间,是利润分配义务发生的时间和羊场做出决定向内向外分配利润的时间。

利润分配的顺序根据《中华人民共和国企业法》等有关法规的规定,羊场当年实现的净利润,一般应按照下列内容、顺序和金额进行分配:

被没收的财务损失、支付各项税收的滞纳金和罚款。

弥补企业以前年度亏损：即弥补超过用所得税的利润抵补期限，按规定用税后利润弥补的亏损。

提取法定盈余公积金：即按税后利润扣除前两项后的10％提取法定盈余公积金。盈余公积金已达注册资金的50％时可不再提取。盈余公积金可用于弥补亏损或按国家规定转增资本金。

提取公益金：公益金主要用于企业职工的集休福利设施。根据《羊场法》规定，法定公益金按税后利润的5％～10％提取。

向投资者分配利润：企业以前年度未分配的利润，可以并入本年度向投资者分配。分配顺序为：①支付优先股股利。②按羊场章程或股东会决议提取任意盈余公积金。③支付普通股股利。

4. 如何进行肉羊养殖场的盈亏分析？

在确定一个经营主体的经营规模时，一般用效益盈亏平衡点分析法。盈亏平衡点又称零利润点、保本点、盈亏临界点、损益分歧点、收益转折点。通常是指全部销售收入等于全部成本时（销售收入线与总成本线的交点）的产量。以盈亏平衡点的界限，当销售收入高于盈亏平衡点时羊场盈利;反之,羊场就亏损。盈亏平衡点可以用销售量来表示,即盈亏平衡点的销售量;也可以用销售额来表示,即盈亏平衡点的销售额。

(1)盈亏平衡点的基本作法

假定利润为零和利润为目标利润时,先分别测算原材料保本采购价格和保利采购价格;再分别测算产品保本销售价格和保利销售价格。

盈亏平衡点的计算公式:

按实物单位计算:

盈亏平衡点=固定成本/(单位产品销售收入−单位产品变动成本)

按金额计算:

盈亏平衡点=固定成本/(1−变动成本/销售收入)

(2)盈亏平衡点分析

盈亏平衡分析又称保本点分析或本量利分析法,是根据产品的业务量(产量或销量)、成本、利润之间的相互制约关系的综合分析,用来预测利润,控制成本,判断经营状况的一种数学分析方法。现以 Q 为产量,FC 为固定成本,VC 为变动成本,P 为售价,R 为盈利,按照它们的关系制定盈亏平衡点分析图如下:

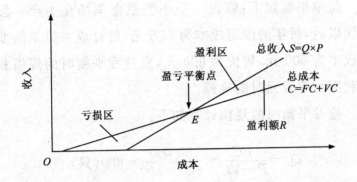

通过上面的分析图可以看出:生产的总成本和销售收入都有随着产量的增加而升高的趋势,而且总收入增加速度还大于总成本的增加速度,不过,在产量为 Q_E 时两者相等,E 点就是我们要求的盈亏平衡点。

在这一点上,$S=C$,即 $Q_E \times P = FC + Q_E \times VC$。在这种情况下,生产规模可以由以下的公式确定:

$$Q_E = \frac{FC}{P-VC}$$

当盈利为 R 时,会有如下的关系:

$$Q_R \times P = FC + Q_R \times VC + R$$

由此关系可以得出以下的生产规模确定公式:

$$Q_R = \frac{FC+R}{P-VC}$$

简单举例如下：假设一个小型肥育羊场在生产一段时间以后，每年的固定成本为 6 万元，每育成一只羊的变动成本为 500 元，售价为 600 元，求盈亏平衡时的规模和年利润为 5 万元时的规模。

盈亏平衡时的规模计算如下：

$$Q_E = \frac{FC}{P - VC} = \frac{60\ 000}{600 - 500} = 600（只）$$

获利 5 万元时的生产规模计算如下：

$$Q_R = \frac{FC + R}{P - VC} = \frac{60\ 000 + 50\ 000}{600 - 500} = 1\ 100（只）$$

七、商品肉羊的饲养管理技术

1. 如何养好种公羊?

俗话说"母羊好,好一窝;公羊好,好一坡"。在各类羊场的羊群结构中,种公羊约占 2%。虽然种公羊的数量少,但它所处的地位和所起的作用非常重要。保证种公羊优良性状的充分发挥,是饲养管理上非常重要的任务。如果饲养管理不好,种公羊体质瘦弱,不能担负起繁重的配种任务;相反,种公羊过于肥胖,则会引起公羊配种能力和精液品质降低。过肥多半是由于饲养不当和缺乏运动造成的。所以,种公羊的饲养管理要做到科学、合理。

(1)种公羊的基本要求

种公羊应常年保持中上等膘情,活泼、健壮、精力充沛、性欲旺盛,精液品质良好,不宜过肥过瘦。因此,在加强种公羊营养的同时,还应加强运动,控制采精次数,保证其良好体况和高质量的精液品质。

种公羊精液中含高质量的蛋白质,因此,种公羊的日粮中应有足量的优质蛋白质，要求营养价值高，适口性好，易消化，力求饲料多样化，营养全价。

种公羊在秋、冬季性欲比较旺盛，精液品质好；春、夏季性欲减弱，天气炎热，影响采食量，精液品质下降。因此，应根据其特点，加强饲养管理，保证种公羊在配种期恢复体况及完成配种任务。

（2）饲养管理方法

种公羊饲养管理根据其生理特点，分为非配种期和配种期两个阶段。

①非配种期。此期总的饲养要求是保证足够的热能供应，并供给一定量的蛋白质、维生素和矿物质。

在冬、春枯草季节，每天应补饲混合精料 0.5 kg，干草 3 kg，胡萝卜 0.5 kg，食盐 5～10 g，骨粉 5 g。在夏季以放牧为主，另外日补给精料 0.5 kg。每天分 3～4 次喂给，饮水 1～2 次。

②配种期。生产上一般把配种期分为配种准备期、实际配种期和配后复壮期三个阶段。

配种准备期（配前 1～1.5 个月）：此期开始喂饲配种期日粮，配种期日粮富含能量、蛋白质、维生素和矿物质。混合精料喂量，可按配种期喂量的 60%～70% 给予，逐渐增加到正常喂量。之所以从配种准备期就供应公羊配种期日粮，是因为草料的质量对精液品质有重要影响，而从精子的生成过程看,精子的形成一般需 50 d 左右,营养物质的补充需要较长时间才能见效。

管理上应对初配公羊进行调教。具体方法有:把公羊放入发情母羊群里,在别的公羊配种时在旁观摩;按摩睾丸,每日早晚各一次,每次 10～15 min;将发情母羊阴道分泌物抹在公羊鼻尖上刺激性欲;调整饲料口粮,增喂鸡蛋,增加运动量。

种公羊在配种前 3 周开始进行采精训练。第一周隔两日采精一次,第二周隔日采精一次,第三周每日采精一次,以提高公羊的性欲和精液品质,并注意检查精液品质,以确定各公羊的采精利用强度。

配种期(1～1.5 个月):据测定,公羊一次射精需消耗可消化蛋白质 25～27 g,一般成年公羊每天采精 2～3 次,多者达 5～6 次,需消耗大量营养物质和体力,所以种公羊的饲料要多样化,日粮中必须富含能量、蛋白质、维生素和矿物质。

配种期的日粮大致为:混合精料 1～1.5 kg,苜蓿干草或青干草 2 kg,胡萝卜 0.5～1.5 kg,食盐 15～20 g,骨粉 5～10 g,血粉或鱼粉 5 g。每日精料的喂量应根据种羊的体重、体况和精液品质酌情增减。每天采精前应运动 1～2 h,距离 3～4 km。

配种后期(配后 1～1.5 个月):又称配后复壮期,目的在于恢复种公羊体力和增膘复壮。开始时,精料喂量不减,但增加放牧或运动时间,经过一段时间后,适量减少精料,慢慢逐渐过渡到非配种期的营养水平。表7-1为种公羊配种期的饲养管理,可供参考。

表7-1　种公羊配种期的管理

时间	管理日程	指标要求	效果评价
6:00~8:00	驱赶运动	3 000~4 000 m	
8:00~9:00	喂料	混合精料占日粮的1/2,鸡蛋1~2枚	
9:00~11:00	配种、采精		精子活力0.7以上
11:00~14:00	自由采食青干草、饮水		
14:00~15:00	舍内休息		
15:00~17:00	配种、采精		精子活力0.7以上
17:00~18:00	喂料	混合精料占日粮的1/2,鸡蛋1~2枚	
18:00~20:00	自由采食青干草、饮水		
20:00	舍内休息		

注:资料引自王金文.绵羊肥羔生产.北京:中国农业大学出版社,2008:170.

（3）提高种公羊利用效率的方法

种公羊在非配种期最好统一集中饲养,在配种期再分散到各场点使用,以利于相互调剂。

加强运动,防止发胖。种公羊冬、春季节每天的放牧运动不少于6 h,夏季不少于12 h。

应控制种公羊每日配种和采精次数。

配种期采精次数应根据不同年龄而定。对 1.5 岁的种公羊每天采精不宜超过 2 次，亦不能连续采精；2.5 岁以上种公羊每天可采精 3～4 次，有时可采精 5～6 次；采精次数多时，每次相隔时间在 2 h 以上，使其有休息时间。

本交（即自然交配）的公、母羊应白天分开，早晚混群，以保证公羊有持久而旺盛的配种能力。

要控制配种期，不要过长或过晚，整群羊的配种期一般为 1～1.5 个月。尽量安排集中配种和集中产羔，以利于公羊健康生长和提高羔羊的成活率。

日粮中钙、磷比不应低于 2.25：1，因为谷物饲料中含磷量高，如不注意钙的补充，容易导致钙、磷比例失调，公羊易患尿结石症。

种公羊舍应建在向阳处，舍内通风、干燥、阳光充足，每只公羊占用的面积在 2 m² 以上。

2. 如何养好种母羊？

为保证母羊正常生产力的发挥和顺利完成配种、妊娠、哺乳等各项繁殖任务，种母羊的生理阶段可分为空怀期、妊娠期和哺乳期三个阶段，应根据母羊不同生理阶段的特点，采取相应的饲养管理措施。

（1）空怀期

母羊在完成哺乳后到配种受胎前的时期叫空怀期，约为 3 个月，产冬羔的母羊一般 5～7 月份为空怀期，产春羔的母羊一般 8～10 月份为空怀期。

这期间为青草季节，牧草生长茂盛、营养丰富，而母羊自身对营养需求相对较少，可完全放牧。只要抓住膘，就能按时发情配种。一般经过 2 个月的抓膘，可增重10～15 kg，为配种做好准备。如有条件可酌情补饲，据研究，在配种前 1～1.5 个月，对母羊加强放牧，突击抓膘，甚至在配前 15～20 d 实行短期优饲，则母羊能够发情整齐，多排卵，提高受胎率和产羔率。

（2）妊娠期

妊娠期可分为妊娠前期（前 3 个月）和妊娠后期（后2 个月）。

①饲养。妊娠前期胎儿小，增重慢，营养需求较少。通常秋季配种后牧草处于青草期或已结籽，营养丰富，可完全放牧；但如果配种季节较晚，牧草已枯黄，放牧不能吃饱时就应补饲，日粮组成一般为：苜蓿 50%，青干草30%，青贮料 15%，精料 5%。

妊娠后期胎儿大，增重快，营养需求较多，又处在枯草季节，仅靠放牧不能满足营养需求。

日粮组成为：混合精料 0.45 kg，优质干草 1～

1.5 kg,青贮料 1.5 kg。精料比例在产前 3～6 周增至 18%～30%。

②管理。在母羊体质健壮、发育良好的情况下,产前 1 周要逐渐减少精料,产后 1 周要逐渐增加精料,以防因产奶量多、羔羊小、需奶量少而导致乳房炎。

在放牧饲养为主的羊群中,妊娠后期冬季放牧每天 6 h,放牧距离不少于 5 km;但临产前 7～8 d 不要到远处放牧,以免产羔时来不及回羊圈。

山入圈、放牧、饮水时要慢要稳,防止滑跌,防止拥挤,并在地势平坦的地方放牧。

严防急追暗打,突然惊吓,以免流产。患病的孕羊要严禁打针驱虫。

严防孕羊拉稀:青饲料含水分过多或采食带露水的青草,常会引起孕羊拉稀、腹泻,使肠蠕动增强,极易导致孕羊流产,应注意青、干搭配(发现孕羊拉稀,可用炒高粱面拌在草中饲喂,每次 0.5 kg,两次即可见效)。

避免孕羊吃霜草、霉变料和饮用冰碴水。俗话说"有露晚出牧,冰草易打羔",就是这个道理。

(3)哺乳期

①饲养。哺乳期一般为 3～4 个月。由于羔羊生后 2 个月内的营养主要靠母乳,故母羊的营养水平应以保证泌乳量多为前提。哺乳母羊的营养水平可按其泌乳量来

定,通常每千克鲜奶可使羔羊增重 176 g,而肉用羔羊一般日增重 250 g,故日需鲜奶 1.42 kg。再按每产 1 kg 鲜奶需风干饲料 0.6 kg 计算,则哺乳母羊每天需风干饲料 0.85 kg,即 93.39 g 蛋白质、3.4 g 磷和 5.09 g 钙。据研究,哺乳母羊产后头 25 d 喂给高于饲养标准 10%~15% 的日粮,羔羊日增重可达 300 g。

此外,哺乳母羊的营养还应考虑哺乳羔羊的数量。一般补饲情况如下。

精料:产单羔的母羊每日每只喂 0.5 kg,产双羔的母羊每日每只喂 0.7 kg,到哺乳中期以后减至 0.5~0.3 kg,哺乳后期逐渐取消补饲。

青干草:产单羔母羊日补饲苜蓿干草和野干草各 0.5 kg,产双羔母羊日补饲苜蓿干草 1 kg。

多汁料:均补饲 1.5 kg。

当羔羊长到 2 月龄以后,母羊的泌乳量逐渐下降,到 3 月龄时,母乳仅能满足羔羊营养需要的 5%~10%,故哺乳后期的母羊可逐渐取消补饲,直到完全放牧。

②管理。产后头 3 d,应给母羊以易消化的优质干草,尽量不补饲精料,因为母羊产后体力虚弱,消化能力降低,而大量喂饲精料,容易导致消化不良或发生乳房炎。3 d 以后根据母羊的肥瘦、食欲及粪便的状态等,灵活掌握精料和多汁料的喂量,一般到产后 10~15 d,再按

饲养标准喂给应有的日粮。

母羊产羔后,应及时将胎衣、毛团等污物清除干净,防止羔羊舔食得病。

要保证充足的饮水和羊舍清洁干燥。

要经常检查母羊乳房,以便及时发现无乳、少乳、乳汁过多、乳腺管堵塞、乳房炎、乳房脓肿等情况,以便及时采取措施。

3. 如何搞好羔羊的接产?

(1)接羔前的准备

①任务:保证全产、全活、全壮。制订产羔计划和接羔、育羔的技术操作规程,合理组织劳力,明确分工,责任到人。

②饲草饲料的贮备。除贮足优质干草、青贮料和精料外,大型羊场需在产圈附近留出草场,专供产羔母羊放牧用。

③产房的准备。供母羊在冬春季节产羔用。于产前10~15 d维修、消毒(5%火碱水或2%~3%来苏儿)。为了让分娩母羊熟悉产房环境,在临产前2~3 d就应将其圈入产房,确定专人管理,随时观察。产房应通风良好、地面干燥、利于保暖(舍温10℃为宜)。产房内设有产羔栏(可用木架或土坯砌成),每栏面积为1.6~1.8 m²,产

栏数一般按产羔母羊的 5%～10%、纯种为 30%配备。

④用具和药品的准备。准备好料槽、水桶、肥皂、毛巾等,台秤、产羔登记簿等用具和来苏儿、碘酒、酒精、高锰酸钾、药棉、纱布等药品药械。

(2)接羔技术

①分娩症状。腹部下垂,尾根两侧下陷;乳房胀大、乳头下垂;阴门肿胀潮红,流出浓稠黏液,排尿增加;行动迟缓,起卧不安,回头顾肢,喜卧墙角;临产母羊卧地,伸腿努责,欣部下陷。

②产羔过程(正产)。母羊分娩,羊膜破裂后数分钟至半小时,羔羊即可产出,羔羊两前肢夹着头先产出,其余随后产下。双羔者,产出一只后,间隔 5～30 min 另一只即可产出。产羔后 0.5～3 h 胎衣排出。

③接羔。羔羊出生后,先将嘴、鼻、耳中的黏液擦净,让母羊舔干羔羊,脐带可自行断裂,或在脐带停止波动后距腹部 4～6 cm 处用手拧断,涂以碘酒即可。

母羊应剪去乳房周围的毛,用温毛巾擦洗乳房,并挤掉少量乳汁,帮助羔羊吃上初乳。

(3)产后母羊与羔羊的护理

①母羊护理。产羔母羊要保暖防潮,产后 1 h 左右,给母羊饮水,一般为 1～1.5 L,水温 25～30℃,忌饮冷水,可加少许食盐。

②出生羔羊的护理。护理原则是做好"三防"、"四勤"："三防"即防冻、防饿、防压；"四勤"即勤喂奶、勤治疗、勤消毒。

让羔羊尽早吃上初乳：母羊的初乳中含有丰富的蛋白质、脂肪、抗体以及大量的维生素和镁盐，对羔羊增强体质、抵抗力和排出胎粪有很重要的作用。因此，羔羊出生后 20～30 min，能自行站立时，就应人工辅助其吃到初乳。

4.如何做好哺乳羔羊的饲养管理？

哺乳羔羊的生理时期可分为哺乳前期、中期和后期三个阶段。

(1)哺乳前期(出生至 20 日龄)

在这段时间里要抓好以下 5 点。

①早吃初乳。生后 1～3 d,要注意让羔羊吃好初乳。母羊的初乳中含有丰富的蛋白质、脂肪、抗体以及大量的维生素和镁盐，对羔羊增强体质、抵抗力和排出胎粪有很重要的作用。因此，羔羊生后 20～30 min，能自行站立时，就应人工辅助其吃到初乳。但要注意：第一次吃奶前，一定要把母羊乳房擦洗干净，并挤掉少量乳汁后再让羔羊吃奶。

②吃足常乳。此期羔羊以母乳为生。充足的奶水，

可使羔羊2周龄体重达到其出生重的1倍以上。达不到这一标准者则说明母羊奶水不足,需多加精料和多汁料,促使母羊多产奶。此期宜采用羔羊跟随母羊自由哺乳的方式。

③早开食。生后7~10 d的羔羊,能够舔食草料或食槽、水槽时,就应开始喂给青干草和水。故羔羊舍内应常备有青干草、粉碎饲料或盐砖、清洁饮水等,以诱导羔羊开食,刺激其消化器官的发育。

生后15~20 d的羔羊,随着羔羊采食能力的增强,应在生后15 d就开始补饲混合精料,方法以隔栏补饲最好,其喂量应随日龄而调整。一般地讲,15日龄的羔羊日喂量为50~75 g,30~60日龄达到100 g,60~90日龄达到200 g,90~120日龄达到250 g。

④早运动。10日龄左右的羔羊,可在晴暖天气里,放入运动场让其自由活动,增强体质,20日龄的羔羊可在附近草场上自由放牧。

⑤加强护理。初生羔羊体温调节机能不完善,血液中缺乏免疫抗体,肠道适应性差,抗病或抗寒能力差,故生后1周内死亡较多,据研究,7 d之内死亡的羔羊占全部死亡数的85%以上,危害较大的疾病是"三炎一痢"(即肺炎、肠胃炎、脐带炎和羔羊痢疾)。要加强护理,搞好棚圈卫生,避免贼风侵入,保证吃奶时间均匀,以提高羔羊

成活率。据李志农（1993）总结，羔羊时期坚持做到"三早"（即早喂初乳、早开食和早断奶）、"三查"（即查食欲、查精神和查粪便），可有效地提高羔羊成活率。

（2）哺乳中期（20日龄到母子群放牧）

在这段时间里要抓好两点：

①饲料多样化。羔羊由单靠母乳供给营养改变为母乳加饲料。

饲料的质量和数量直接影响羔羊的生长发育，应以蛋白质多、粗纤维少、适口性好的为佳。

②定时哺乳。母子分群管理，定时哺乳。白天母羊出牧，羔羊留在圈内饲养，中午母羊归圈喂奶，加上早、晚各一次，共3次。

（3）哺乳后期（从母子合群放牧到羔羊断奶）

此期白天母子同群外出放牧，夜间共圈休息。

饲养上，羔羊采食能力增强，由中期的母乳加草料变为现在的草料加母乳。应加强补饲，以减轻羔羊对母羊的依赖，选择适当时机及时断奶，尽量减轻断奶对羔羊的应激，保证羔羊的正常生长发育。

（4）羔羊断奶

为了恢复母羊体况和锻炼羔羊独立生活的能力，当羔羊生长发育到一定程度时，必须断奶。断奶时间要根据羔羊的月龄、体重、补饲条件和生产需要等因素综合考虑。我国传统的羔羊断奶时间为 3～4 月龄。断奶方法多采用一次性断开,以后母子互不见面。

为减少断奶造成的应激反应,断奶时一般采取如下措施:

①移走母羊,让羔羊留在原圈,以尽量给羔羊保持原来的环境。

②在断奶群中放入几只大羊,以引导羔羊吃草、吃料。

③适当加大母子间放牧以及羊舍距离,以防相互鸣叫产生影响。

一般经 4～5 d,羔羊就能安心吃草。断奶后的羔羊应立即按品种、性别及发育状况分群,由此转入育成羊。断奶后,对少数乳汁分泌过多的母羊要实行人工排乳,以防引起乳房炎。

5.如何养好育成羊?

断奶后到初配前的羊称为育成羊。育成期有两个显著特点,即断奶造成的应激和生长快速而相对营养不足。此阶段是羊骨骼和器官充分发育的时期,如果营养跟不上,便会影响生长发育、体质、采食量和将来的生产性能,造成其终生的缺陷,如体窄胸浅、体重较轻等。

优质青干草和充足的运动,是培育育成羊的关键。充足而优质的干草,有利于消化器官的发育,培育成的羊骨架大、采食量大、消化力强、活重大;若料多而运动不足,培育成的育成羊个子小、体短肉厚、种用年限短。尤其对育成公羊,运动更重要。每天运动时间应在 2 h 以上。

饲养上,断奶初期最好早晚两次补饲,并在水、草条件好的地方放牧。秋季应狠抓秋膘。越冬时应以舍饲为主、放牧为辅,每天每只羊应补给混合精料 0.2~0.5 kg。育成公羊由于生长速度比母羊快,所以其饲料定额应高于母羊。

管理上,断奶后,应按品种、性别分群;第一年入冬前,对育成羊群集体驱虫一次。

育成羊的发育状况可用预期增重来评价,故按月固定抽测体重是必要的。要注意称重应在早晨未饲喂前或出牧前进行。

6. 什么样的肉羊育肥效果好?

出生后不满一岁,完全是乳齿的羊称为羔羊,其中 4~6 月龄、体重达 36~40 kg 时屠宰的羊称为肥羔。羔羊肉,尤其是肥羔肉是现代羊肉生产的主流。

近年来,许多养羊业发达的国家都在繁育早熟肉用品种的基础上进行肥羔的专门化生产,肥羔生产迅速发展,羔羊肉产量不断上升。如新西兰羔羊肉占羊肉产量的 69.3%,平均出口羔羊胴体重 13.3 kg。美国每年上市的羊肉中,当年羔羊肉和肥羔肉占94%。

(1)肥羔生产的优点

羔羊肉具有鲜嫩多汁、精肉多、脂肪少、味美、易于消化及膻味小等优点,深受广大消费者欢迎。

羔羊生长快、饲料报酬高、成本低、收益高。在国际市场上,羔羊肉价格一般比成年羊肉高1/3~2/3,甚至1倍。

羔羊当年屠宰加快了羊群周转,缩短了生产周期,提高了出栏率及出肉率,同时减轻了羊只越冬、度春的人力以及饲草和饲料的消耗,避免了羊只冬季掉膘甚至死亡等损失,当年就能获得最大的经济效益。

当年羔羊所产的毛皮价格高,在生产肥羔的同时,又可生产优质毛皮。

由于不养或少养羯羊,压缩了羯羊的饲养量,从而改变了羊群结构,大幅度地增加了母羊比例,有利于扩大再生产,可获得更高的经济效益。

(2)肥羔生产技术

对广大中、小型肥育羊场来说,进行羔羊肥育,生产羔羊肉尤其是肥羔肉,应着重采取以下生产技术。

①引进早熟、多胎肉羊品种,作为经济杂交的父本品种。要建立稳定的肉羊品种繁育体系,保证肥羔生产的品种源头。

②采用经济杂交。利用杂种优势,这是肥羔生产的

基本途径和有效措施。杂交优势表现在羔羊体重大，生长快，饲料报酬高，成活率高，产肉多，成本低，经济效益高。我国部分省区利用国外早熟肉用品种羊与地方良种羊进行杂交，取得了明显的效果。在生产中，除利用两个品种进行经济杂交外，还可以用两个以上不同品种进行轮回杂交，其优势率更高、效果更好。

一般用作经济杂交的父本品种，应具备体重大，增重快，肉用性能明显和适应当地气候条件的特点。母本应具备来源广泛、适应性强、早熟、四季发情和产羔多的特点。

③实施早期配种，早期断奶。早熟肉用品种母羊可以在 8 个月龄配种，羔羊可以 8 周龄断奶，转入育肥，4～6 月龄体重达 36～40 kg 时出栏上市。做到周转快，商品率高，收益多。

（3）确定育肥期和育肥强度

在正常条件下，早熟肉用（或肉毛兼用）羔羊，在周岁以内，每个月龄的平均日增重一般以 2～3 月龄最高，可达 300～400 g，1 月龄次之，4 月龄急剧下降，5 月龄以后的平均日增重一般维持在 130～150 g。对这样的羔羊，从 2～4 月龄开始，如果能进行高强度育肥，那么在 50 d 左右的育肥期内的平均日增重，定可达到或超过原有水平。这样，这些羔羊在长到 4～6 月龄时，体重可达成年体重的 50％以上，胴体重达 17～22 kg，屠宰率达 50％以上，胴体净肉率达 80％以上，从而达到上市的屠宰标准。因此，2～4 月龄的羔羊，凡平均日增重达 200 g 以上者，均可转入育肥。育肥方式可采用放牧加补饲或全舍饲方式。经过 50 d 左右的高强度育肥，可使羔羊达到上市肥羔的标准。

但平均日增重低于 180 g 的羔羊，必须等羔羊体重达到 25 kg 以上，或至少达到 20 kg 以上时，才能转入育肥，而且育肥期较长（一般为 3 个月左右），前期的育肥强度不宜过大。要等羔羊体重达 30 kg 以上后，才能进行高强度育肥，使其在 40～60 d 内就能达到上市的屠宰标准。否则，羔羊体重达不到一定程度，却过早地进行高强度育肥，常会造成羔羊肥度已够标准，而体重距出栏要求却相差甚远。

（4）确定羔羊育肥饲料配方及混合精料喂量

6 月龄前可达上市标准的羔羊，适合采用能量较高和喂量较大的混合精料进行高强度育肥。其配方为：75％的玉米、15％～20％的豆饼、8.5％～3.5％的苜蓿草粉和尿素等蛋白质平衡剂以及 1.5％的食盐混合矿物质和适量促生长剂。其喂量为：羔羊体重在 30 kg 以前，每羊每日给 0.35～0.55 kg；体重达 30 kg 以后，每羊每日给 0.6～0.8 kg。具体每日给量，要遵循每日给料 1～2 次、每次以羊在 40 min 内吃净为准，以及从少到多逐渐加量的原则。

6月龄前很难达到上市标准的羔羊,需等体重达到25~30 kg以上后,方能转入高强度的育肥。混合精料喂量前期控制在0.2~0.4 kg为宜,等到最后的50 d左右,才能加到0.6 kg或更多。

羔羊育肥日粮配见表7-2和表7-3。

表7-2 肥育羔羊全饲粮颗粒饲料配方 %

原料	配方Ⅰ	配方Ⅱ	配方Ⅲ	配方Ⅳ
玉米	44.88	44.87	44.60	44.59
小麦	4.00	4.00	—	—
干甜菜渣	—	—	4.00	4.00
棉籽饼(粕)	8.00	8.00	8.00	8.00
菜籽饼(粕)	—	5.70	—	5.70
大豆饼(粕)	7.50		7.50	
玉米蛋白粉	4.00	5.90	4.30	6.20
苜蓿草粉	15.00	15.00	15.00	15.00
玉米秸粉	15.00	15.00	15.00	15.00
磷酸氢钙	0.13		0.20	0.07
石粉	0.69	0.73	0.60	0.64
食盐	0.50	0.50	0.50	0.50
微量元素与维生素预混料	0.30	0.30	0.30	0.30
总计	100 000	100.00	100.00	100.00
营养水平	粗蛋白质/(g/kg)	148.09	148.06	147.89	149.26
	消化能/(MJ/kg)	13.14	13.10	13.14	13.10
	钙/(g/kg)	5.39	5.39	5.39	5.39
	磷/(g/kg)	3.17	3.17	3.17	3.17

注:程凌.养羊与羊病防治.北京:中国农业出版社,2006:125.

表 7-3　肥育羔羊不同营养水平全饲粮颗粒饲料配方　　　　%

原料	配方Ⅰ	配方Ⅱ	配方Ⅲ
玉米	42.00	23.50	11.50
小麦	12.80	10.00	6.00
棉籽饼(粕)	9.80	10.00	9.50
菜籽饼(粕)	7.50	7.50	7.20
玉米蛋白粉	3.70	1.50	0.60
青干草粉	12.57	26.29	34.02
玉米秸粉	9.43	19.71	25.51
磷酸氢钙	0.00	0.10	0.30
石粉	1.40	0.60	0.07
食盐	0.50	0.50	0.50
膨润土	0.00	0.00	4.50
微量元素与维生素预混料	0.30	0.30	0.30
总计	100.00	100.00	100.00
营养水平	粗蛋白质/(g/kg)	153.19	138.31	123.70
	消化能/(MJ/kg)	12.46	11.33	10.09
	蛋能比/(g/MJ)	12.30	12.21	12.26
	钙/(g/kg)	6.96	6.82	6.76
	磷/(g/kg)	3.45	3.31	3.26
	钙磷比	2.02	2.06	2.07
	ADF/%	15.40	22.38	26.65

注:程凌.养羊与羊病防治.北京:中国农业出版社,2006:125.

7.羊只运输过程中应注意哪些问题?

①运输种羊前,要办好产地检疫和过境检疫及相关手续。

②运输车辆的车况要好,手续齐备,装有高栏,防止羊跳车;携带苫布以备雨雪天使用;根据运程备足草料及水盆、料盆等器具;带少量的消炎止痛药品。

③种羊在运输前,要提前选好行车路线,尽量选择道路平整、离村庄较近的线路,以便遇到特殊情况及时处理。

④在装羊的车厢内铺一层秸秆,或在箱板上洒一层干燥的沙土,防止羊在运输过程中滑倒而相互挤压致死。

⑤装羊不能过密过挤。要将体质强弱羊、大小羊、公母羊分开(在车上打隔断);对妊娠母羊不能托肚子装车,以防流产;要按时哺乳羔羊,每天不少于 4 次,白天哺乳间隔不宜长于 5 h。

⑥上车前要给羊饮足水,不宜让羊吃得过饱。运程在 1 d 之内的不需喂草料,运程在 1 d 以上的,每天应喂草 2~3 次,饮水不少于 2 次,保证每只羊都能饮到水、吃到草料。

⑦运输车辆应缓慢启动,禁止突然刹车,在颠簸路面和坡路要缓慢行驶,防止羊挤压死亡;中途停车或人员休

息时要安排专人看护羊,防止羊跳车或被盗。

⑧押车人员要经常检查车上的羊,发现羊怪叫、倒卧要及时停车,将其扶起,安置到不易被挤压的角落。

⑨卸羊时要防止车厢板与车厢之间的缝隙别断羊腿,最好将车靠近高台处卸羊,防止羊跳车造成流产、伤羊等事故的发生。

⑩种羊卸车后,不要立即喂饲料,应先给种羊饮水,待半天后,一切正常再由少到多逐渐给种羊喂料。

8.肉羊育肥前的准备工作有哪些?

(1)羊只准备

①健康检查。计划投入育肥的羊,事前均应一律经过健康检查,无病者方可进行育肥。收购来的羊,到达当天,不宜喂料,只饮水,或给少量的干草,在避荫处休息,避免惊扰。肥育开始前 2 周,要勤观察,每天巡视 2～3 次,挑出伤病羊,进行个别处理。

②分群。育肥羊应分类组群:羊肉分羔羊肉和大羊肉两大类,育肥羊也有羔羊和大羊的区别。在这两类羊中,除了年龄不同之外,还有性别和品种差别。其新陈代谢和对饲料采食、消化、吸收和转化的机能均有不同。为使各类羊的育肥均能获得最好的效果和最高的效益,我们在羊投入育肥之前,先将其按年龄和性别分开组群,如

果品种性能差别较大，还应把不同品种的羊分开。针对各组羊的体况和健康状况，分别提出相应的肥育方案。

③称重。进行育肥前称重，以便与育肥结束时称重结合起来，检验育肥效果和进行经济效益分析。

④去势。早熟品种 8 月龄、晚熟品种 10 月龄以上的公羊和大公羊，在投入育肥前还要去势，使羊肉不产生膻味和有利于育肥。但是，8～10 月龄以下公羊不必去势，因为不去势的公羔在断奶前的平均日增重比阉羔高 18.6 g；在断奶至 160 日龄左右出栏的平均日增重比阉羔高 77.18 g。而且，从育肥羔羊达到上市标准的平均日龄来看，不去势公羔比阉羔少 15 d，但平均出栏体重反而比阉羔高 2.27 kg，羊肉的味道却没有差别，显然不去势公羔育肥比阉羔更为有利。

⑤剪毛。当年出生，当年育肥宰杀的肉毛兼用品种羔羊，在宰杀前 60～90 d；或周岁以上羊，在进入短期育肥前 60～90 d，均可进行一次剪毛，既有利于羊只采食抓膘，又可增加羊毛收入，同时也不影响宰杀后对毛皮的利用，从而增加经济收入。

此外，还应进行驱虫、药浴、防疫注射和修蹄，以确保育肥工作顺利进行。

(2)圈舍准备

①消毒。在羊只进入圈舍育肥前，用 3％～5％的碱

水或 10%～20%的石灰乳溶液或其他消毒药品,对圈舍及各种用具、设备进行彻底消毒。除肥育羊舍以外,其他羊舍每年春、秋季各消毒一次。

在羊舍的进出口处设消毒池,放置浸有消毒液的麻片,同时用 2%～4%的 NaOH 或 10%的克辽林水溶液喷洒消毒。

运动场在清扫干净后,用 3%的漂白粉、生石灰或 5% NaOH 水溶液喷洒消毒。除肥育羊以外,其他羊舍的运动场也要在每年春、秋季各消毒一次。

清扫出的羊粪便堆积在离羊舍 100 m 以外处,上面覆盖 10 cm 左右的细湿土发酵 1 个月左右即可。污水要集入污水池,加入 2～5 g/L 漂白粉消毒。

②卫生。保持圈舍地面干燥,通风良好,这对肉羊增重很有利。估计一只大羊一天排粪尿 2.7 kg,一只羔羊 1.8 kg。羊进圈后应保持一定的活动和歇息面积。羔羊每只按 0.75～0.95 m²;大羊按 1.1～1.5 m² 计算。

③隔栏补饲。自繁自养的羔羊,最好在出生后 15～20 日龄,开始进行隔栏补饲,这对于提高日后肥育效果,缩短肥育期限,有明显的作用。

(3)草料及饮水准备

①储备充足的饲草、饲料。养羊业的发展要有充足的饲草饲料,这是保证肉羊生产能够稳定发展的物质基础。对天然草场进行保护、合理利用和改良,种植或补播

优良牧草,并建立人工饲草、饲料基地,用于冬春补饲。农区应充分开发利用作物秸秆和农副产品,通过氨化、青贮和粉碎等加工措施提高粗饲料的利用率。同时,应发展饲料加工企业,为肉羊育肥提供配合饲料。

确保整个肥育期羊只不断草料,同时也不轻易更换饲草和饲料。现将肉羊肥育期间每日每头需要的饲料量列表7-4,以供参考。

表7-4　肉羊肥育期间每日每头需要的饲料量　　　　kg

饲料种类	淘汰母羊	羔羊(14～50 kg 体重)
干草	1.2～1.8	0.5～1.0
玉米青贮	3.2～4.1	1.8～2.7
谷类饲料	0.34	0.45～1.4

注:傅润亭,樊航奇.肉羊生产大全.北京:中国农业出版社,2004:266.

②保证饲料品质,不喂潮湿、发霉、变质饲料。喂饲时避免拥挤、争食,大羊每只应占饲槽长度40～50 cm,羔羊23～30 cm。给饲后应注意肉羊的采食情况,投料量不宜过多,以吃完不剩余为好。肥育期间应避免过快地变换饲料类型或日粮配方。更换饲料时,应新旧搭配,逐渐加大新饲料的比例,3～5 d 内全部换完。

③为防止尿结石,在以谷物饲料和棉籽饼为主的日粮中,可将钙含量提高到 0.5% 的水平,或加入 0.25% 的氯化铵,避免日粮中钙磷比例失调。

④注意饮水卫生。肥育羊只必须保证有足够的清洁饮水,气温在 15℃时,羊只饮水量在 1 kg/d 左右,15～20℃时,饮水量 1.2 kg/d,20℃以上,饮水量 1.5 kg/d。冬季不宜饮用雪水或冰碴水。

9. 肉羊育肥的方法有哪些?

肉羊肥育方式可依据当地自然资源、肉羊的品种特点、生产技术水平、养羊设施及自然生态条件综合考虑。目前肉羊肥育方式主要有全放牧肥育、全舍饲肥育和混合肥育三种。至于到底以采取什么方式来行肥育更合适,就要看在什么季节和到底用什么样的羊来肥育才能决定。

(1)全放牧肥育

全放牧肥育就是在整个肥育期内,完全依靠放牧吃草达到出栏要求的肥育方式,是草地畜牧业的一种基本肥育方式。好处在于:一是充分利用天然草场、荒山荒坡,能较好地满足营养需要;二是利用羊的合群性和采食习性组群放牧,可以大大节省饲料和管理费用,降低生产成本;三是加强羊只运动、增强羊只体质,有利于羊的健康和保健。在饲草资源丰富的草原、山区、半山区、丘陵地带,提倡夏、秋季放牧抓膘,当年羔羊或淘汰母羊于入冬前上市屠宰。

全放牧肥育的缺点在于：一是只能在青草期进行，北方省份一般均处于 5 月中、下旬至 10 月中旬期间；二是放牧肥育要求必须有较好的草场，如果草场不好，则不可能完全依靠放牧来肥育羊；三是羊肉味不如其他肥育方式好，且常常要遇到气候和草场等多种不稳定因素变化的干扰和影响，造成肥育效果不稳定和不理想，四是肥育期长，羔羊一般需要连续放牧 80～100 d，才能达到上市标准。放牧肥育羊一定要保证每羊每日采食的青草量：一般羔羊可达 4～5 kg/d，大羊 7～8 kg/d 以上。

肥育羊的主要来源应该是生后 6～8 月龄的羔羊或周岁以内的当年羔羊。此外，凡不适于种用的公羊、公羔，均可去势肥育，这是肥育羊的主要来源；失去了繁殖能力的老龄母羊，亦应育肥后屠宰供肉食。

生后 1～5 月龄是羔羊生长速度最快时期，7～8 月龄后生长速度减慢。据试验，一般的饲养条件不能满足羔羊生长的需要。所以，如果在羔羊断奶后提供较高水平的饲养条件进行育肥，就能使其发挥最大的生长潜力，同时可以取得高产量的胴体。育肥羔羊的胴体质量也得到改善。

成年羯羊和老龄母羊大多数是在失去种用或生产价值后准备屠宰。它们都已过了生长期，骨骼不再增长。所以，对它们进行育肥主要是增加脂肪的沉积，以提高肉的品质。

在放牧草场的选择上,羔羊宜在以豆科牧草为主的草场上放牧肥育,因为羔羊处于生长发育期,需要较多的蛋白质;而成年羊和老年淘汰羊的活重增加,主要增加脂肪组织,需要较多的能量,所以可以在以禾本科饲草为主的草场放牧肥育。

为了提高放牧肥育的效果,应安排母羊产冬羔和早春羔。冬羔出生时间为 1～2 月份,母羊需要在 8～9 月份配种;早春羔出生时间为 3～4 月份,母羊应安排在 10～11 月份配种。这样,羔羊在生后 3～4 月龄断奶后,正值青草期,可充分利用牧草资源进行肥育,待牧草枯黄时出栏上市。

绵羊经过肥育,可以明显增加体重,提高羊肉产量,改进屠体品质。淘汰大羊的屠宰率只有 40％,胴体重 16～18 kg,肥育后羊只的体重可增加 30％～40％,屠宰率可以超过 50％,胴体重 22～25 kg,羊肉产量增加 25％以上。

(2)全舍饲肥育

全舍饲肥育就是根据羊肥育前的状态,按照饲养标准和饲料营养价值配制全价配合饲料,并完全在羊舍内进行饲养管理的一种肥育方式。

全舍饲肥育适合于饲料资源丰富的农区使用,虽然饲料的投入相对较高,但可按照市场的需要实行大规模、集约化、工厂化的养羊。房舍、设备和劳动力利用合理,劳动生产效率较高,从而也能降低一定成本。而且,肥育期间内,羊的增重较快,出栏肥育羊的活重较放牧肥育和混合肥育羊高10%~20%,屠宰后胴体重高20%。

传统的舍饲肥育主要是为了调节市场需求和充分利用各种农产品加工的副产品。肥育时间通常是60~70 d,一般羊只增重10~15 kg。现代舍饲肥育主要用于肥羔生产,人工控制羊舍小气候,利用全价饲料,让羊自由采食、饮水。另外,在市场需要的情况下,可确保肥育羊在30~60 d的肥育期内迅速达到上市标准,肥育期均比混合肥育和放牧肥育短。因此,国外一些生产肥羔肉的国家,都采用大规模的舍饲肥育,走专业化、集约化的道路。

舍饲肥育羊的来源,应以羔羊为主。放牧羊群在雨季到来,或干旱牧草生长不良时,就应以舍饲为主;此外,当年羔羊放牧肥育时,对估计入冬前达不到上市标准的羔羊,也可以提前转入舍饲肥育。

放牧羊群改为进圈肥育,一开始要有一个适应期,一般为10~15 d。先喂给以优质干草为主的日粮,逐渐加入精料,等羊只适应新的饲养方式后,改为肥育日粮。

舍饲肥育的日粮,以混合精料的含量为45%、粗料和其他饲料的含量为 55％的配比较为合适。如果要求肥育强度还要加大的话,混合精料的含量可增加到 60％(但绝对不应超过 60％)。不过,此时一定要注意防止因此而引发肠毒血症,以及因钙磷比例失调而引发尿结石症。

舍饲肥育日粮的投给,可利用草架和料槽分别给予的方式饲喂;最好能将草、料配合在一起,加工成颗粒料,用饲槽一起喂给。颗粒饲料用于羔羊肥育,日增重可以提高 25％,同时可以减少饲料的抛撒浪费。颗粒饲料中的粗饲料比例,羔羊料不超过 20％,大羊料可以增加到 60％。颗粒大小:羔羊料为 1~1.3 cm,大羊料为 1.8~2 cm。需注意的是,颗粒饲料由于制作原料粉碎较细,肥育羊进食后的反刍次数有所减少,羔羊可能出现吃垫草或啃木头等现象,最好在羔羊圈设有草架。

舍饲肥育圈舍要保持地面干燥,通气良好,夏季挡强光,冬季避风雪,讲究卫生,保持安静,为肥育创造良好的生活环境。

(3)混合肥育

混合肥育是放牧与补饲相结合的肥育方式。这是一种既能利用夏季牧草生长茂盛进行放牧肥育,又可利用各种农副产品及少许精料进行补饲或后期催肥的肥育方式。

混合肥育大体有两种形式,一种形式是在整个肥育期内,每天放牧并补饲一定数量的混合精料和其他饲料,以确保肥育羊的营养需要,这种方式与全舍饲肥育的办法一样,同样可以按要求实现强度直线肥育,适用于生长强度较大和增重速度较快的羔羊;另一种形式则为把整个肥育期分为 2～3 期,前期在牧草茂盛季节完全放牧,中、后期按照从少到多的原则,逐渐增加补饲混合精料和其他饲料来肥育羊。开始补饲肥育羊的混合精料的数量为 200～300 g,最后一个月要增至 400～500 g。此种方式的肥育速度相对减慢,肥育期相对拖长,适用于生长强度较小及增重速度较慢的羔羊和 1 岁羊。

混合肥育可使肥育羊在整个肥育期内的增重,比单纯依靠放牧肥育提高 50% 左右,同时,屠宰后羊肉的味道也较好。因此,只要有一定条件,还是采用混合肥育的办法来肥育羊好。

10. 如何调制肉羊的饲料?

(1)干草调制与贮存

为了保证冬、春枯草期羊只的饲草供应,人们往往在牧草生长旺盛的时期,将鲜草刈割后调制成含水分 14%～17% 的干草,以利于长期保存和冬季缺青之用。

优质干草颜色青绿,气味芳香,含有丰富的蛋白质、矿物质和胡萝卜素、维生素 D、维生素 E,是养羊的重要基础饲料。

干草的质量与牧草的种类、收割时间、晒制方法和保存情况有关。一般来说，豆科和禾本科植物晒制的干草品质好，营养价值高。不同牧草要适时刈割、合理调制。牧草收割过早虽然含蛋白质、维生素等营养丰富，但产量低，单位总养分量相对较少，并且水分高，难晒干；收割过迟，粗纤维增多，蛋白质等营养也下降。实践证明，豆科牧草在结蕾期或开花初期收割较好；禾本科牧草以孕穗期到抽穗期，最迟在开花期收割为宜。注意减少叶片损失。

干草调制方法大致可分为自然干燥和人工干燥两种。

①自然干燥法。自然干燥受天气条件的制约较大，但是，这种方法不需要特殊的设备，是目前我国采用的主要干草调制方法。

地面干燥。选晴朗天气，将收割的青草薄薄地平铺在地面上暴晒，经 4～6 h，当水分降到 38% 左右时，堆成高 1 m、直径 1.5 m 的小堆，以减少日光对胡萝卜素的破坏，继续晒 3～5 d，晒干后立即垛起。在晒制过程中，尽量防止叶片的丢失，因为叶中的营养成分比茎秆部要多，例如，豆科牧草叶片中含蛋白质为全株的 80%，胡萝卜素为茎秆的 8～20 倍。

草架干燥。适宜多雨潮湿地区和季节。干草架主要有独木架、三脚架、铁丝长架和棚架等。将刈割后的牧草自上而下地置于草架上,厚度不超过 70 cm,保持蓬松。草架干燥虽花费一定的物力,但制得的干草品质好,养分损失量比地面干燥减少 5%～10%。

铁丝架晒制。选用直径 10～15 cm,长 180～200 cm 的木桩作铁丝立柱,每隔 2 m 立 1 根,埋深 40～45 cm,呈直线排列。从地面起每隔 40～45 cm 拉一道铁丝横线,共 3 道分为 3 层,把青草挂在各层铁丝上晒干。也可采用预晒方法,将青草先在地面晾至半干再架到铁丝上,能减轻铁丝负重。最下层的草要留出通风空隙,最上层的草用塑料绳横向捆住,防止风吹走。在晴天晒 2～3 d 即可获得优质干草。

②人工干燥法。该方法制作的干草,营养物质的损失比自然干燥法小,因此草地畜牧业发达的国家常用。

常温鼓风干燥。指在牧草堆贮场所和干草棚中,通常设有栅栏通风道,用鼓风机强制吹入空气,达到干燥的目的。

高温快速干燥。将收割的牧草放在高温烘干机中快速烘干。烘干机的型号很多,机内温度高低也不同,有的烘干机入口温度为 75～260℃,出口温度是 25～160℃;有的入口温度为 420～1 160℃,出口温度为 60～260℃。

新鲜牧草经烘干机烘数分钟甚至几秒钟,就可将水分降至 5%～10%,同时,对牧草的营养价值和消化率几乎没有影响。

此外,干草调制方法还有压裂草茎或碾压秸秆的物理干燥法和加入化学干燥剂的化学干燥法。

晒制好的青干草应及时上垛。垛址应选择在地势高燥、平坦、背风、距羊舍近、运送方便的地方。垛底应选择木材、树枝、秸秆等垫平,约高出地面 40～50 cm,四周应挖一条排水沟。

一般情况下,干草安全贮存的含水量为 17%以下,含水量在 15%～16%时,用手揉搓草束能沙沙作响,并有"嚓嚓"声;16%～18%时,仅能沙沙作响;含水量在 19%～20%时,无清脆声响,草束能捻成柔韧的草辫,这样的草垛有发霉变质的危险;含水在 23%～25%时,无沙沙响声,在多次曲折处有水珠出现,揉搓草束后不能自然散开,这种干草不能堆垛贮存。

草垛分圆形和长形两种。圆形草垛小,贮量少,但表面积大,通风透气性好,干草上垛后可散失部分水分。长形草垛体积大,表面积小,上垛后不容易散失水分。不论何种垛形,垛与垛之间应留有一定的通风道。

干草上垛后,垛顶应呈尖圆形,并加盖塑料布,严防潮湿、雨淋而发霉变质。定期检查垛内温度,当垛温超过

55℃时,应及时开垛散热,以防自燃。同时应注意防火。

(2)饲料青贮

在养羊业中,制备优质青贮饲料,是非常重要的生产环节,也是发展养羊业的物质基础。

①青贮的优点。青贮饲料能有效地保持营养成分。青绿饲料在晒干后,饲料养分损失30%~50%,而青贮料的营养损失要少,仅为10%~20%,尤其是胡萝卜素的损失更少,仅为3%~10%。

青贮饲料青绿多汁,口味更佳。一般干草制成后的含水量为14%~17%,而青贮饲料的含水量为60%~70%。饲料青贮后,可基本保持原来的青绿多汁,且酸香可口,羊只采食量增加,并保持较高的消化率。有些质地粗硬和有异味的饲料,如葵花秆、玉米秸等,经青贮后会变软,异味消失。

青贮是保存和贮藏饲料的最经济和最安全的方法。青贮饲料密度大,占用空间少,每立方米可青贮450~700 kg(干物质150 kg),而干草堆放只能达到70 kg(干物质60 kg)。若青贮制作技术得当,青贮饲料可长期保存(数年至数十年)并有利于防火。此外,由于青饲料生产、收获或采集都有很强的季节性和时间性,如果在青绿饲料生产的旺季(如夏、秋)能把多余的青草青贮起来用以补充淡季(冬、春)不足,不仅可以大大减少青绿饲料的营养浪费,而且还可保证羊群营养的均衡。

青贮能有效地灭菌与杀虫。由于青贮饲料是在厌氧的条件下完成,除厌氧菌外,其他菌均不能在青贮饲料中存活,在青贮中各种植物寄生虫及杂草种子也可被杀死。

②青贮的原理和条件。青贮是在缺氧的条件下,让乳酸菌大量繁殖,从而将饲料中的淀粉和可溶性糖变成乳酸,当乳酸积累到一定浓度后,则抑制腐败菌及杂菌生长,从而使饲料及其营养物质长期保存下来。

青贮依靠乳酸菌的发酵,其过程大致可分为三个阶段:

第一阶段:有氧呼吸阶段,此阶段约 3 d。饲料在制作过程中,以氧气为生存条件的菌类和微生物尚能生存。但随着原料的压紧和封闭,氧的含量有限,并且因原料本身有呼吸作用而很快被消耗完,因此,以氧气为生存条件的菌类和微生物则不能生存。

第二阶段:无氧发酵阶段,此阶段约 10 d。乳酸菌在有氧条件下惰性很大,而在无氧条件下非常活跃,随着氧气被消耗,乳酸浓度不断增加,当达到一定浓度时,则抑制其他微生物的活动,特别是腐生菌在酸性环境下很快死亡。

第三阶段:稳定期。乳酸菌发酵,其他菌类被杀死或抑制,进入青贮饲料的稳定期。此时青贮饲料的 pH 为

3.8～4.0。

青贮成功的条件。青贮成败的关键是能否为乳酸菌繁殖创造一定的条件，乳酸菌的大量繁衍应具备以下条件。

密封造成厌氧环境：青贮原料主要是在厌氧菌（乳酸菌）的作用下，通过把饲料中的糖分转变为乳酸而达到长期保存的目的。因此，在装填青贮原料过程中务必踩实，排出空气。装填结束后必须严密封闭，隔绝空气。

青贮原料必须具有一定的水分：如果含水太少，就不易压实排出空气，从而使好氧微生物活动旺盛，造成饲料的霉变腐败。而含水太多，反而又会使乳酸菌活动旺盛，即使调制成功，但所制青贮品质不良，一般都有刺鼻酸味。同时，还会因原料汁液渗出过多造成营养大量流失。制作青贮原料的含水量要求是：常规青贮为 65%～75%，半干青贮（仅适用于特别幼嫩、柔软的原料）为 45%～55%。青贮时，原料中的含水量应根据实际情况进行调整，使之处于合适的范围。如果太多，可在田间适当凋萎，以散失多余水分。也可添加一些干草等予以调整。而水分太少，像玉米秸等，则可适当洒水或掺些湿料。就常规青贮而言，原料中的水分以调整到用手紧握，能有水分从指缝渗出而又不滴为宜。如果有水下滴，说明水分太多，如果不见指缝有水渗出，说明水分太少，均需对于水分含量再做调整。

青贮原料必须含有足够的糖分：糖分（包括淀粉）是乳酸菌发酵的物质基础。若无足够的糖分，乳酸菌繁衍所生成的乳酸等酸性物质量小，就不足以使原料的酸度（pH）降低到 4.0 以下。这样，好氧性微生物的活动就不能有效受到抑制，饲料就会变质腐败。原料中的含糖量一般应为鲜重的 1.0%～1.5%。不足时，应添加含糖量高的原料，如禾本科原料、玉米粉和糖蜜等。

根据原料含糖量的高低和制作的难易，青贮原料一般又可分为 3 类。第一类是容易青贮的原料，有玉米、高粱、甘薯藤、菊芋、向日葵、甘蓝和禾本科牧草等，这种饲料含较多的可溶性糖类，容易青贮；第二类是不易青贮的原料，如各种豆科牧草，像苜蓿、三叶草、大豆和豌豆等，此类原料含可溶性糖类少，宜与前者混贮；第三类是不能单独青贮的原料，像南瓜秧、西瓜秧等，这种原料含可溶性糖分极少，只能与容易青贮的原料混贮或加酸进行特种青贮。

③青贮饲料制作的方式和步骤。青贮的方式一般可分为三种。

一般青贮：这种青贮是在缺氧的环境下进行，实质是植物收割后尽快在缺氧的条件下贮存。对原料的要求是含水量在 70%左右，含糖量在 2%左右。

半干青贮:是将青贮原料收割后放 1～2 d,使水分降到 50％左右时,再进行青贮。半干青贮是在微生物处于干燥状态和生长繁殖受到限制的条件下进行的,原料中的糖分或乳酸的多少以及 pH 的高低等对制作成功与否影响不大,从而扩大了青贮原料的适用范围,使一些不易青贮的饲料原料如豆科植物等,亦可以顺利青贮。

添加剂青贮:为了提高青贮效果和保证青贮料品质,在青贮饲料中加入适当的添加剂,可以加快青贮速度,改善青贮饲料品质,提高青贮饲料利用率。从而达到促进乳酸菌发酵、抑制不良微生物发酵或者增加营养物质的目的。

常用的添加剂种类和使用方法如下:

尿素:含氮量 40％左右,用量为青贮原料的 0.4％～0.5％。水分多的饲料,可直接撒入尿素,水分少的饲料,先将尿素溶于水中,然后将尿素水溶液喷洒入饲料中。

食盐:用量为青贮原料的 0.5％～1.0％,常与尿素混合使用,使用方法与尿素同。

秸秆发酵菌剂:按说明的要求加入,可干撒或拌水喷洒。

酶制剂:使用方法同秸秆发酵剂。

硫酸和盐酸:两者等量混合,每吨含干物质 20％的青贮原料加混合液 60 mL,可降低青贮饲料的 pH,有利于减少营养物质的损失。

蚁酸、丙酸加尿素：蚁酸、丙酸、尿素按 1：1：1.6 的比例混合，添加量为 7.7～15.4 L/t 原料。用于禾本科牧草较好。

苯甲酸加醋酸：每吨饲料原料加苯甲酸 1 kg，醋酸 3 kg 青贮，饲喂奶山羊对提高其产奶性能有较好的作用。

常规青贮的步骤包括：

适时收割原料：青贮原料适宜收割的最佳时期是单位农田面积上营养物质产量最高和可溶性糖分含量最多的时候。就一般而言，禾谷类饲料作物和牧草以抽穗开花期，豆科的以现蕾至开花期收割最好。

切碎：切碎的目的是便于压实以排出饲料间隙中的空气，从而使之尽快形成良好的厌氧环境，尽早使原料中的微生物终止繁衍。原料切碎的长度一般以 2 cm 左右为宜。切碎不仅具有上述作用，同时，也更有利于其后的取用和饲喂。

装填与压实：原料的装填应分层进行，每装填 15～20 cm 镇压或踩实一次，并且要特别注意窖边和四角的踏实。为确保青贮质量，装填速度越快越好，一般应在 2～3 d 内完成每窖的全部任务。

密封与覆盖：青贮原料装满压实后，应高出窖口

30 cm以上,这时,应尽快密封和覆盖。先用塑料布或干草覆盖住原料,然后覆盖30～50 cm的土或草泥,并使其上部保持屋脊状。但应注意的是,封窖后由于下沉常会出现裂缝,甚至造成漏气渗水。因此,如若发现,一定要及时填平。

管理:封窖后,应在窖四周距其约1 m处挖一条浅排水沟,防止雨水积聚渗入窖内。封窖后连续1周应每天检查窖的下沉情况,如封土下陷出现裂缝,要及时修补覆盖。在北方,一般经40～60 d的发酵即可开窖启用。启封后,应遵循尽量缩小青贮料的暴露面积和用多少取多少的原则进行取用,以便减少二次发酵造成的损失。

④青贮饲料的品质鉴定。青贮料的品质鉴定见表7-5。

表7-5　青贮饲料品质鉴定标准

质量等级	pH	颜色	气味	结构质地
优良	4～4.2	青绿色或黄绿色	芳香酒酸味	茎叶结构良好,松散,质地柔软,略带湿润
中等	4.6～4.8	黄褐色或暗褐色	有刺鼻酸味、香味淡	柔软,但稍干或水分稍多
低劣	5.6～6.0	黑色、褐色或墨绿色	有刺鼻腐臭味或霉味	茎叶腐烂,黏成团,或松散干燥、粗硬

注:程凌.养羊与羊病防治.北京:中国农业出版社,2006.

(3)秸秆碱化与氨化

秸秆饲料是农区冬季养羊的主要饲料之一。秸秆中含有 20%～50％的粗纤维,而粗纤维中又含有 45%～80％的木质素。木质素的存在,不仅影响瘤胃微生物酵解纤维素和半纤维素,而且影响消化道中酶对饲料中其他有机物的利用,使饲料有机物的消化率降低。据测定,饲料中木质素每增加 1％,羊的消化率下降 0.8％。羊采食不经加工的秸秆时,往往多采食叶片部分,并因踩踏造成饲料的大量浪费,秸秆的采食利用率仅有 20%～30％。而秸秆经过碱化与氨化处理,可以提高利用率,改善其营养价值。

①秸秆碱化。碱化只适用于麦秸、稻草等含粗纤维较多的饲料,含蛋白质、维生素较多的饲料不宜碱化。

粗饲料碱化常用的方法有两种,一是用火碱处理。方法是将未切碎的秸秆(最好压成捆)浸泡在 1.5％的火碱溶液中 30～60 min 后捞出,然后放置 3～4 d 进行"熟化",即可直接饲喂羊只。如果在浸泡液中加入 3%～5％的尿素,则处理效果会更好。二是用石灰处理。方法是将 100 kg 秸秆用 3 kg 生石灰,加水 200～250 L(或者用石灰乳 9 kg 兑 250 L 水)浸泡。为了增进适口性,可在石灰水中加入 0.5％的食盐。处理后的潮湿秸秆,在水泥地上摊放 1 d 以上,不需冲洗即可饲喂羊只。为了简化手续和设备,也可在铺有席子的水泥地上铺上切碎秸秆,再以石灰喷洒数次,然后堆放、软化,1～2 d 后就可饲喂。

②秸秆氨化。可以氨化的原料有大麦秸、小麦秸、谷草、稻草、玉米秸等,而价值高、适口性好的如花生秧、甘薯秧等不需要氨化。氨化时麦秸、稻草和谷草不需要铡碎,而玉米秸则需要铡短(2～3 cm)。有试验证明,含水率高的秸秆氨化效果好,但含水率过高,不便于操作运输,秸秆还有霉变的危险,因此秸秆含水率以45%左右为宜。

秸秆氨化的方法有液氨化法、氨水氨化法、尿素氨化法和碳铵氨化法。

液氨氨化法:一般采用地上堆垛式。选择背风向阳、地势高燥的场地,用塑料布铺底,把秸秆层层堆垛在塑料布上。为了注氨方便,可在堆垛上先放一木杠,通氨时取出木杠,插入注氨管就容易了。全部秸秆垛好后,用塑料布封严垛顶和四周,严防漏气。将注氨管插入,注入相当于秸秆干物质重量3%的液氨后,封闭通氨孔即可。

需要注意的是:液氨对呼吸道及皮肤有危害,遇火易引起爆炸。操作时应严格遵守操作规程,要经常检查储氨罐的密封性,严防碰撞和烈日暴晒罐体,充氨时要有专人负责,操作人员要戴好防毒面具,操作场地应严禁火源。

氨水氨化法:可采用地窖或半地窖式。将秸秆铡短,边往窖里放,边按秸秆重量1∶1的比例往秸秆上均匀喷洒 3‰浓度的氨水,装满窖后,用塑料布密封。

尿素氨化法:适宜于地窖或半地窖式,也可用塑料袋。窖底铺塑料布。将风干的秸秆用铡草机或粉碎机铡短或粉碎,称重。称取秸秆重量 3‰～5‰的尿素,用少量温水溶化,每 100 kg 风干秸秆用水 40～50 kg,配成尿素溶液。然后将尿素溶液均匀地喷洒在秸秆上,装入窖中压实,覆盖塑料布,封严周边,确保不漏气。

碳铵氨化法:碳铵全称是碳酸氢铵。氨化方法步骤与尿素氨化法相同。碳铵用量一般因气温高低而调整,在气温 20～27℃时,为秸秆干物质重量的 12‰,当气温在 15～17℃时,应为秸秆的 6‰。

秸秆氨化处理的温度和时间见表 7-6。

表 7-6　秸秆氨化的时间　　　　　　　　　　d

气温 0℃	低于 5℃	5～15℃	15～30℃	30℃以上
氨化天数	不氨化	30～50	10～30	7～10

达到氨化时间后,将氨化饲料取出,需在阴凉处放置 10～12 h,不要晒,并将氨化窖(垛)封严。优质氨化秸秆色棕黄或深黄色,发亮,有糊香味,手摸质地柔软;氨化不成熟的秸秆与原来一样,质地无明显变化;劣质氨化秸秆色泽暗,氨气味淡,漏气后秸秆发霉变质,不能用作饲料。羊对氨气味敏感,一般由少到多 6～7 d 后可逐渐习惯。

（4）秸秆微生物贮存技术

秸秆微生物贮存技术是在农作物秸秆中加入秸秆发酵活干菌，装入密闭的青贮窖中，压实封严，经 1 个多月的发酵，使秸秆转化为优良饲草的技术。

①贮存原理。秸秆加入发酵活干菌后，密封一段时间，在适宜的温度和厌氧环境下，秸秆发酵活干菌将秸秆中的纤维素、半纤维素等物质转化为糖类，糖类又经有机酸发酵转化为乳酸和挥发性脂肪酸，从而使瘤胃微生物菌体蛋白合成量增加。

②制作方法。菌种复活：在处理秸秆前，先将 1 袋发酵活干菌倒入 2 kg 水中充分溶解。若先在水中加入白糖 20 g，可提高菌种复活率。然后在常温下放置 1～2 h，使菌种复活，复活好的菌种必须当天用完。

菌液配制：将复活好的菌种倒入充分溶解的 0.8%～1% 的食盐水中拌匀（青玉米秸秆微生物贮存不加食盐）。食盐水和菌液量计算见表 7-7。

表 7-7 食盐水和菌液量计算表

秸秆种类	秸秆重量/kg	发酵活干菌用量/g	食盐用量/g	水用量/kg	贮料含水量/%
麦、稻草	1 000	3	9～12	200～1 400	60～70
干玉米秸	1 000	3	6～8	800～1 000	60～70
青玉米秸	1 000	1.5	—	适量	60～70

注：李培合.农村养羊实用新技术.北京:中国农业出版社,2002.

贮存技术：在砖窖或土窖的四周，衬塑料薄膜，将秸秆铡成 2～3 cm 的小段，装入青贮窖中，每层厚为 30～50 cm，然后在每层秸秆上均匀喷洒菌液水，同时加入占秸秆重 60%～70%的水并压实。依此法将备贮的秸秆一层层全部贮完压实，在最上层均匀撒上食盐，食盐用量为 250 g/m^2。最后用塑料薄膜封顶，四周压严，上部用整捆秸秆或土压实。封顶 1 周内要经常查看窖顶变化，发现裂缝或凹坑，应及时处理，以防漏气腐败。

③微贮料品质判断。封窖后 1 个月，即可完成发酵过程，可根据微贮料的外部特征，鉴定微贮料的好坏。

优质微贮青玉米秸秆的色泽为橄榄绿，稻麦秸秆呈金褐色。如果变成褐色或黑绿色则质量低劣。

优质的微贮饲料，拿到手里很松散，而且质地柔软湿润。与此相反，拿到手里发黏或者黏在一块，说明质量不佳。有的松散，但干燥粗硬，也属不良的饲料。

微贮饲料以带醇香和果香气味，并呈弱酸为佳。若有强酸味，表明醋酸较多，这是由于水分过多和高温发酵所造成的。若带有腐臭的丁酸味、发霉味则不能饲喂。

④使用方法。开窖时应从窖一端开始，先去掉上面覆盖的部分土层、草层，然后揭开塑料薄膜，从上到下垂直逐段取出。每次取完后，要用塑料薄膜将窖口封严，尽量避免与空气接触，以防二次发酵与变质。

微贮料在饲喂前最好再用茎秆揉碎机进行揉搓，使其成细碎丝状物，进一步提高牲畜的消化率。农作物秸秆微贮料可作为草食家畜日粮中主要的粗饲料，日喂量以 1.5～2.5 kg 为宜。

饲喂时要与其他精料搭配。开始饲喂时，牲畜对微贮饲料有一适应过程，不要操之过急，要循序渐进，逐步增加微贮饲料的饲喂量。

11. 肉羊育肥期的日常管理内容有哪些？如何操作？

（1）饮水

充足饮水能使羊保持良好的食欲，有助于草料消化吸收。夏季饮水次数应多些，秋、冬季节可少些。一般夏季每天饮水 2～3 次，春、秋饮 2 次/d，冬季 1～2 次/d。水质清洁，不得饮死水坑里的水。孕羊在冬季应该饮 20～30℃ 的温水，不得饮冰水，以免流产。要避免空肚饮水，最好是前响放，后响饮。羊喘息未定时不要急于饮水，以免引起呛水而造成肺炎（俗称炸肺）。

（2）喂盐

俗话说"春不喂盐羊不饱，冬不喂盐不吃草，九月喂盐顶住风，伏天喂盐顶住雨"。食盐是羊一年四季都不可缺少的重要物质，具有增进食欲、促进消化、增强体质的作用。一般羊每日每只喂量 5～10 g,哺乳期和妊娠后期的母羊 11～15 g,配种种公羊 15～20 g,育成羊 6～8 g。

喂盐方法:拌入精料中喂给;在饮水中搅拌均匀喂给;单独放在饲槽或专用盐槽里让羊自由舔食。

(3)断尾

细毛羊、半细毛羊及其高代杂种羊尾细而长,无实用价值,且易沾染粪便,污染羊毛,妨碍配种,故应断掉。

时间一般在生后 1～2 周,体弱天冷时适当后延。断尾部位在第 3～4 尾椎间(距尾根 5～6 cm)。

①热断法。工具有断尾铲、挡板和垫板。断尾铲是一把厚 0.5 cm、宽 7 cm 的铁铲。挡板和垫板为厚度 4～5 cm、宽度 20 cm、长 30 cm 的木板,其中挡板的一端紧贴边凿 1～2 个直径 5 cm 大的半圆。断尾时需两人操作,一人保定羊,另一人持铁铲和木板,密切配合。保定者左右手分别将羔羊一侧的前、后肢抓住,让羊的背部紧靠人的前胸,呈半蹲半坐状。术者在羊的臀下垫上垫板,前面挡上挡板,然后用烧至暗红色的断尾铲压下切断。

②橡皮筋断尾法。将橡皮筋套缠在断尾处,截断通向尾下部的血管,使其萎缩脱落,尾巴脱落后,在断尾处涂上碘酒。注意结扎要紧,注意观察尾巴脱落前后是否有化脓等现象,如有化脓要及时涂上碘酒。此种断尾方法操作简便,断尾效果较好。

（4）去势

羊在投入肥育前一般要去势。羊去势后，性情温顺、管理方便、容易肥育、节省饲料、而且肉的膻味小，去势后的羊称为羯羊。

羔羊可在出生后1～2周进行，如遇天冷或体弱的羔羊，可适当延迟。去势和断尾可同时或单独进行，最好选择春季蚊蝇较少的上午进行，以便全天观察和护理去势羊。

去势的方法有以下几种。

刀切法：用手术刀切开羊的阴囊，摘除睾丸。手术时需两个人配合，一人保定羊，一人做手术。手术前，阴囊外部用碘酒消毒。然后术者一手握住羊的阴囊上方，以防睾丸回缩至腹腔内，另一手在羊的阴囊侧下方切开一小口，长度约占阴囊长度的1/3，以能挤出睾丸为度。切开后把睾丸连同精索拉出，为了防止羊出血过多，最好不用刀割或剪刀剪，而是用手撕断精索。当一侧的睾丸取出后，再用相同的方法取出另一侧的睾丸。睾丸摘除后，在阴囊内撒20万～30万IU的青霉素，然后用碘酒在切口处消毒。

结扎法：将羊睾丸挤进阴囊内，用橡皮筋或细绳紧紧地结扎阴囊的上部，断绝睾丸的血液流通，经20～30 d，阴囊及睾丸萎缩后会自动脱落。

（5）修蹄

蹄是皮肤的衍生物，羊只无论是舍饲还是放牧，若长期不修蹄，不仅影响行走，而且会引起蹄病，使蹄尖上卷、蹄壁开裂、四肢变形，从而影响采食，严重时公羊不能配种，失去种用价值，母羊生产性能下降，所以，必须经常修蹄。

修蹄可在春、秋季，最好在雨后天晴进行，这时蹄质柔软，易修剪。修蹄时让羊坐在地上，羊背部靠在修蹄人员的两腿间，从前蹄开始，用修蹄剪或快刀将过长的蹄尖剪掉，然后将蹄底的边缘修整和蹄底一样平齐。蹄底修到可见淡红色的血管为止，不要修剪过度。整形后的羊蹄，蹄底平整，前蹄是方圆形。严重变形的羊蹄需多次修剪，逐步校正。

为了避免羊发生蹄病，平时应注意休息场所的干燥和通风，勤打扫和勤垫圈，或撒草木灰于圈内和门口，进行消毒。如发现羊蹄趾间、蹄底或蹄冠部皮肤红肿，跛行甚至分泌有臭味的黏液，应及时检查治疗。轻者可用10％硫酸铜溶液或10％甲醛溶液洗蹄 $1\sim2$ min，或用2％来苏儿液洗净蹄部并涂以碘酒。

（6）药浴

①目的。是预防和驱除体表寄生虫，增进皮肤健康，促进羊毛生长。

②时间。除肥育羊以外,其他羊场每年在春季放牧和秋季舍饲前要各进行一次。

③方法。有以下几种。

盆浴:将药液盛在一个小型的容器内,如大盆、大锅或特制的水槽,用人工方法将羊逐只进行洗浴。这种药浴方法适用于绵羊数量较少的小羊场与个体户羊群。

池浴:是指在专门建造的药浴池中进行药浴。药浴时,将羊逐一赶入池中,让其从药浴池的一头游到另一头,当羊走近出口时,要将羊头压入药液内 1~2 次,以防头部发生疥癣。离开药池时,让羊在滴流台上停留 10 min,待羊身上药液滴流入池后,再将其收容在凉棚或宽敞的厩舍内,免受日光照射,过 6~8 h 后,方可饲喂草料。

淋浴:淋浴具有容量大、速度快、省劳力等优点,也比较安全,但需要一定的动力(电力或内燃机)与设备,成本较高。淋浴在特设的淋浴场中进行,淋浴时把羊赶入淋浴场中,开动水泵喷淋 3 min,当药液淋透羊体后关闭喷淋。将淋浴过的羊赶入滤液栏中,再经 3~5 min 后放出。

喷浴:是用汽车拉上机动喷雾器或喷粉器给羊群喷浴,这种方法省掉了建立药浴池的费用和劳力,一次可喷浴 700~1 000 只羊,适于草原地区流动作业。

④药浴的注意事项。

药浴前 8 h 给羊停止喂料,药浴前 2～3 h 给羊饮足水,以防止羊喝药液。

药浴时,应选择在晴朗无风的天气进行,还要随时注意天气的变化。天气突变或下雨,可使药液作用下降,甚至冻死羊只。为了防止羊受凉感冒,浴液温度保持在30℃左右。

药浴前要检查羊只身上是否有伤口。药液配好后,工作人员应戴好口罩和橡皮手套,以防中毒。每浴完一群羊,应根据药液减少情况进行适量的添补,以保持药液浓度和使用量。

药浴时,工作人员要站在池的两边,用压扶杆将羊的头部压入药液中几次,使其全身各部位都能彻底着药。

工作人员要很好地控制羊群,以免同时投入池中的羊只过多,以防羊只压在下面而发生事故。发现有被药水呛着的羊只时,要用压扶杆把羊头扶出水面并引导其上岸。

药浴前先组织小群羊试浴,无问题后,再组织大群健康羊药浴。

⑤常用的药液及剂量。见表 7-8。

表 7-8 羊药浴常用的药液及剂量

药物名称	使用剂量/%	药物名称	使用剂量/%
杀虫脒	0.1～0.2	蜱螨灵	0.04
精制敌百虫	0.5～1	蝇毒灵	0.05
辛硫磷	0.05	氰戊菊酯	0.1
林丹乳油	0.03	速灭菊酯	0.008～0.02
消虫净	0.2	溴氰菊酯溶液	0.005～0.008

注：程凌.养羊与羊病防治.北京:中国农业出版社,2006;125.

(7)羊的编号

羊的编号分为群号、等级号和个体号三种。

①群号。指同一群羊中,在羊只身体上的同一个部位所做的同一种记号,以期使该羊群与其他羊群区别开来。编号方法一般由放牧人员自定。

②等级号。指鉴定后的羊在耳朵上将鉴定的等级进行标记。用耳号钳在羊耳上按规定的部位注明该羊的等级。一般纯种羊打在右耳上,杂种羊打在左耳上。具体规定如下:

特级羊:在耳尖剪一缺口。

一级羊:在耳下缘剪一个缺口。

二级羊:在耳下缘剪两个缺口。

三级羊:在耳上缘剪一个缺口。

四级羊:在耳上、下缘剪各一个缺口。

③个体号。采用耳标或烙印法,分别给每只羊编记上不同号码,作为个体代号。

羊的个体编号常用的方法有耳标法、剪耳法、墨刺法和烙角法。

耳标法:耳标有金属耳标和塑料耳标两种,形状有圆形和长条形,以圆形为好。耳标用以记载羊的个体号、品种符号及出生时间等。金属耳标是用钢字钉把羊的出生年月和个体号打在耳标上,第一个数字代表年份的最末一个数字,第二、三个数字代表月份,后面的数字代表个体号。如905289,前面的905表示2009年5月出生,后面的289为个体号。塑料耳标使用也很方便,是把羊的出生年月和个体号写上。一般习惯将公羊编为单号、母羊编为双号,每年从1号或2号编起,不要逐年累计。而且可用红、黄、蓝三种不同颜色代表羊的等级。

耳标一般戴在羊的左耳的耳根软骨部,要避开血管。

剪耳法:没有耳标时常用此法。用耳号钳在羊耳朵上剪耳缺,代表一定的数字,作为个体号。其规定是:左耳作个位数,右耳作十位数,耳上缘一缺代表3,下缘代表1。这种方法简单易行,但有缺点,羊数量在1 000以上时无法表示,而且在羔羊时期剪的耳缺到成年时往往变形无法辨认。所以,此法现在用得很少。

墨刺法和烙角法虽然简便经济,但都有不少的缺点,如墨刺法字迹模糊,看起来也不方便,若羊耳是黑色或褐色时不适用;而烙角法仅适用于有角羊。所以,现在这两种方法使用较少,或者只是用作辅助编号。

12. 肉羊养殖场应如何防控传染病和寄生虫病?

(1)传染病的防疫注射

按程序进行免疫接种,建议免疫程序(表 7-9 绵、山羊免疫程序)。

表 7-9　绵、山羊免疫程序

疫苗种类	预防疫病	接种方法及部位	免疫期	备注
第 2 号炭疽芽孢苗	炭疽病	绵、山羊皮下注射 1 mL	1 年	14 d 产生免疫力
布氏杆菌型 2 号弱毒苗	布鲁氏菌病	绵、山羊臀部肌内注射 0.5 mL,饮水免疫 200 亿菌体/羊,2 d 内分 2 次饮服	山羊 1 年,绵羊 1.5 年	阳性羊、3 月龄以下羊和妊娠羊不注射
破伤风明矾类毒素	破伤风	绵、山羊颈部皮下注射 0.5 mL	1 年。第二年连续注射免疫期可持续 4 年	平时 1 年 1 次,有受伤羊时再按相同剂量注射 1 次,受伤严重的羊在颈部的另一侧注射破伤风抗毒素
破伤风抗毒素	公羊紧急预防或治疗破伤风时用	皮下或静脉注射。治疗时可重复注射 1 次或数次,预防剂量 1 万~2 万单位,治疗剂量 2 万~5 万单位	2~3 周	
羊四联苗	羊快疫、羊肠毒血症、羊猝狙、羔羊痢疾	成年羊和羔羊一律颈侧或肌内注射 1 mL	1 年	14 d 产生免疫力

续表7-9

疫苗种类	预防疫病	接种方法及部位	免疫期	备注
羔羊痢疾苗	羔羊痢疾	妊娠母羊在分娩前20～30 d 第一次皮下注射2 mL,分娩后10～20 d 再皮下注射3 mL	母羊 5 个月;羔羊从母乳获得母源抗体	10 d产生免疫力
山羊传染性胸膜肺炎氢氧化铝苗	山羊传染性胸膜肺炎	颈侧皮下注射。6 月龄以下 3 mL;6 月龄以上5 mL	1年	14 d
羊肺炎支原体氢氧化铝活苗	支原体引起的羊传染性肺炎	颈部皮下注射。成年羊3 mL;半岁以下羊 2 mL	1.5 年以上	
羊痘鸡胚化弱毒苗	羊痘	冻干苗按说明皮下注射0.5 mL	1年	6 d
羊链球菌氢氧化铝苗	羊链球菌引起的疫病	大、小羊皮下注射3 mL,3 月龄以下羊在第一次注射后 14～21 d 重复一次	0.5 年	14～21 d

(2)寄生虫病程序化防治模式

推荐使用药物:阿维菌素(商品名有虫克星、阿福丁、害获灭等)。

特点:对绝大多数线虫、外寄生虫以及其他节肢动物有很强的驱虫效果(对虫卵无效),高效、低毒、安全。

使用程序:

全群每年驱虫 2 次,2～3 月份、8～9 月份各一次。寄生虫危害严重的地区可在5～6 月份再加一次。

幼畜在当年 8～9 月份首次驱虫,此外,断奶前后可进行保护性驱虫。

孕羊接近分娩时,进行产前驱虫,在寄生虫危害严重的地区,可在产后 3~4 周再驱虫一次。

剂型、剂量及使用方法见表 7-10。

表 7-10　驱虫药剂型、剂量及使用方法

剂型	针剂	片剂	粉剂
剂量(每 5 kg 体重)	1 mg	1.5 mg	1.5 mg
方法	只能皮下注射	内服	灌服或拌料

注意问题:

有绦虫、吸虫感染时,还需选用丙硫苯咪唑(15~20 mg/kg 体重)。

孕羊按正常剂量的 2/3 给药。

羊用药后 14 d 内禁宰,羊奶 21 d 内不得人用。

对体外寄生虫,应间隔 7~10 d 重复用药一次。

在寄生虫危害严重的地区,采用针剂疗效更显著(但使用片剂和粉剂方法更简便)。

驱虫时注意环境卫生,可将羊群置于指定区域,并妥善处理排泄物。

(3)环境消毒

①门卫消毒。在羊舍的进出口处设消毒池,放置浸有消毒液的麻片,同时用 2%~4% 的 NaOH 或 10% 的克辽林水溶液喷洒消毒。

②运动场消毒。运动场在清扫干净后，用3％的漂白粉、生石灰或5％NaOH水溶液喷洒消毒。除肥育羊以外，其他羊舍的运动场也要在每年春、秋季各消毒一次。

③羊舍消毒。清扫后用10％～20％石灰乳或10％漂白粉、3％来苏儿、5％热草木灰、1％石炭酸水溶液喷洒。除肥育羊舍以外，其他羊舍每年春、秋季各消毒1次。

④粪便与污水消毒。将清扫出的羊粪便堆积在离羊舍100 m以外处，上面覆盖10 cm左右的细湿土发酵1个月左右即可。污水要集入污水池，加入2～5 g/L漂白粉消毒。

参 考 文 献

［1］傅润亭，樊航奇. 肉羊生产大全. 北京：中国农业出版社，2004.
［2］李培合. 农村养羊实用新技术. 北京：中国农业出版社，2002.
［3］张英杰，路广计. 肉羊高效益饲养与疾病监控. 北京：中国农业大学出版社，2003.
［4］冯德民. 肉羊生产技术指南. 北京：中国农业大学出版社，2003.
［5］王金文. 绵羊肥羔生产. 北京：中国农业大学出版社，2008.
［6］黄永宏. 肉羊高效益生产技术手册. 上海：上海科学技术出版社，2003.
［7］赵有璋. 现代中国养羊. 北京：金盾出版社，2008.
［8］程凌. 养羊与羊病防治. 北京：中国农业出版社，2006.
［9］刘洪波. 高效养羊. 济南：山东科学技术出版社，1999.
［10］方天堃. 畜牧业经济管理. 北京：中国农业大学出版社，2003.